读客文化

一边崩溃，一边干杯

［美］珍妮·罗森　著

叶昊扬　译

文汇出版社

图书在版编目（CIP）数据

一边崩溃，一边干杯 / （美）珍妮·罗森
（Jenny Lawson）著 ；叶昊扬译. —— 上海 ：文汇出版社，
2023.6

ISBN 978-7-5496-3868-0

Ⅰ．①一… Ⅱ．①珍… ②叶… Ⅲ．①快乐—通俗读
物 Ⅳ．①B842.6-49

中国版本图书馆CIP数据核字(2022)第152878号

一边崩溃，一边干杯

作　　者 / ［美］珍妮·罗森
译　　者 / 叶昊扬

责任编辑 / 陈　屹
特约编辑 / 刘鉴宜
封面设计 / 于　欣

出版发行 / 文匯出版社
　　　　　 上海市威海路 755 号
　　　　　 （邮政编码 200041）
经　　销 / 全国新华书店
印刷装订 / 河北鹏润印刷有限公司
版　　次 / 2023 年 6 月第 1 版
印　　次 / 2023 年 6 月第 1 次印刷
开　　本 / 890mm × 1270mm　　1/32
字　　数 / 207 千字
印　　张 / 10.5

ISBN 978-7-5496-3868-0
定　　价 / 59.90 元

侵权必究
装订质量问题，请致电010-87681002（免费更换，邮寄到付）

BROKEN

in the best possible way

JENNY
LAWSON

敲击那仍可以响的钟

忘了你那完美的供奉

万物皆有裂痕

那是光照进来的地方

——莱昂纳德·科恩

Ring the bells that still can ring.

Forget your perfect offering.

There is a crack in everything.

That's how the light gets in.

—Leonard Cohen

献给我的丈夫，

没有他，也就没有这本书了。

主要是因为他一直在我旁边发脾气，

叫我不要再疯狂追剧，

好好干活！

也因为他现实中是个比我更幽默的人，

给了我完美的素材，还很爱我，

包括在那些我自己都不爱我自己的时候。

谢谢你啦，小先生。

所有人都意见一致——珍妮·罗森是一个国宝

我算得上有意思的那时候，我也从没这么有意思过。

——奥古斯丁·巴勒斯，《拿着剪刀奔跑》

珍妮让我笑得太狠了，我会担心自己的生命安全！

——艾丽·布罗什，《我幼稚的时候好有范》

罗森自嘲式的幽默让人笑岔了气，还出奇地不合时宜，这使得她的语言……真实而强烈。

——《奥普拉杂志》

（罗森）用一种漫无边际而又百无禁忌的口吻写作，让你希望她是你最好的朋友。

——《美国娱乐周刊》

珍妮写的东西真让人捧腹大笑，但你知道你真的不应该笑，而且你可能会因此下地狱，所以也许你不应该读它。那样更安全、更明智。

——尼尔·盖曼

你会笑，会皱眉，会因为不舒服扭动身体，会哭，然后再大笑起来……但有两件事是你永远不会做的：怀疑珍妮的才华，或是怀疑她在诚实讨论精神疾病、羞耻感和人类韧性的力量时展现出的无所畏惧。

——布芮尼·布朗

三分之一的大卫·塞达里斯加上三分之二的切尔西·汉德勒，这么一说你就会对珍妮·罗森荒唐的幽默略知一二了。

——《普拉达杂志》

喜剧女王带着她的破烂玩具崛起了，女王的名字叫珍妮·罗森。

——克里斯托弗·摩尔

珍妮·罗森滑稽、尖刻、机智，完全不合时宜，并且"像是特蕾莎修女，不过更好些"。

——《嘉人》

JENNY LAWSON

#1 *New York Times* Bestselling Author

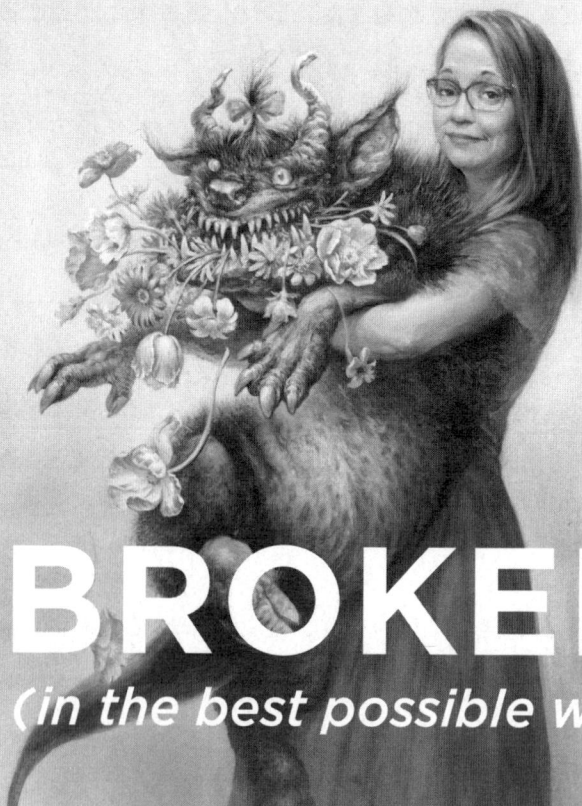

BROKEN

(in the best possible way)

关于原版封面

　　那是在几年前了，有一次我偶然看到了一幅画（左图），画的是一个孩子深情地抱着一个奇形怪状却魅力非凡的恶魔怪兽。她看起来非常心满意足，抱着它就像抱着一只心爱的大狗。我查了下这位艺术家（奥马尔·雷扬），找到了他奇怪而异想天开的画作。画中的人抱着他们各自令人困惑的小怪兽，这些看起来很危险的生物狂野而不受驯服，经常欢快地将它们周围的一切摧毁殆尽。我怀疑这是我自作多情，但我从未见过一套艺术作品能像它一样，如此完美地封装了我与抑郁症、焦虑症，还有头脑中的小怪兽做斗争的个人感受。

　　我怀里的怪兽们又丑又可笑，而且它们太重了，压在我身上，把它们抱来抱去让我累得够呛。有时候感觉它们比我还要大。它们是有破坏性的、令人困惑的、笨拙的。

　　然而。

然而，拥抱那些使我们独一无二、奇特而又非凡的怪兽，也是一件美妙的事情。这些稀奇古怪的怪兽迫使我们以新的方式看待这个世界，接受它们可以为你带来快乐。当你认出其他人怀里抱着的怪兽，当你发觉我们都在同一个战壕里战斗时，就会产生一种不可思议的友情，即使世界上其他人似乎都看不见这些战斗。

　　我怀疑，我们所有人都拥有怪兽，尽管它们来自不同的地方，有不同的名字和来源。但我们应对它们的方法各有不同。只要有机会，我就会把我的怪兽带出门晒太阳，试着去欣赏它从花园里扯下来塞在牙缝里的花儿，有时候，这些塞在它可怕大嘴里的花儿和在花园里的一样可爱。

　　拥抱你的怪兽。爱上你的笨拙。享受你的生活。为你骨子里的怪胎庆祝一下吧。因为，我向你保证，你比你能想象到的还要美好……怪兽还有其他所有方面。

自序
一个发育完全的哺乳动物

刚拿起这本书的你可能在想，这本书究竟在讲些什么屁话？坦白讲，我完全理解你。说实话，我现在就是这么想的。你能读到这本书，说明它已经完整成书了，可能还是本极其烦人的书。但在我写下这几行字的当下，这里只是一堆句子，以及令人动弹不得的忧虑和海量的焦躁。有人一周能写一本书，我却慢得痛心疾首，还伴随着源源不断的自我怀疑和写作障碍。所以你读到这儿时，我长年所处的状态是**"写作太孤独了，我痛恨所有人所有事"**！在未来的写作阶段，我会像告诉我丈夫的那样：真正的作家要醉着写作，醒着编辑。而随后的编辑阶段，我又会告诉他：我的观点已经转变了，我必须醉着写作，也醉着编辑。我甚至还曾醉到这样一个地步，就是把自己反锁在房间里，强迫自己去写。写出来的文字那可真叫一个壮丽恢宏，直到第二天我醒来，才发现那是垃圾，于是就把它全删了。

你就不一样了，你看到的只会是被文字编辑用泪拼接编辑好的、光鲜亮丽的成书。我的不懈努力会帮文字编辑们早日躺进坟墓，抑或让他们不得不频繁地去酒吧买醉。为这本书值得吗？鬼才晓得。但我不能停下来，因为作家就是得一直写下去。写得好不好倒是其次，但他们得写。这就跟你是个读者，所以你就得读书一样。[除非你在听有声书，这样的话我猜你应该被称作"听者（hearer）"，对吗？这个词好像用得不大对，但我一时半会儿想不出什么合适的词。我敢打赌你是个很好的听者，即便可能压根儿就没有听者这个词。] 我根本不认识你，但我可以看出你很特别。主要是因为我觉得每个人都很特别。诚然，一部分原因是我的回避型人格障碍 [1] 和冒充者综合征 [2]，它们会让我自然而然地认为这世界上每个人都比我要强，还有一部分是因为你竟然还在读（或是倾听）这篇文章，很明显我是在这儿拖延时间，因为我不知道该写什么。你忍了这么久我很感激，下次我请你喝一杯。

[哦！"听着（listen）"！这才是我刚刚想找的词。不是"听者"。虽然我现在已经有点儿喜欢这个词的发音了，"hearering"，所以还是保留它吧。]

这篇自序完全可以让你预想到本书将充斥着怎样令人迷惑的

---

[1] 人格障碍的一种分型，表现为具有全面的社交抑制、能力不足感、对负面评价极其敏感等。——译者注（本书注释如无特别说明，均为译者注）
[2] 指人怀疑自身能力，认为自己的成就均来自外界因素。

文字。这是一件好事，因为我现在已经警告过你了，所以如果你讨厌这本书，那就不能怪我了，还有，和我比较之后，你会对自己好感倍增。

我这么说不是为了奉承你，真的。我已经成功地以各式各样令人震惊的方式出过丑，但人们仍然觉得我这个人还行，就算说我是以此谋生也不算离谱。正因为我太能在公众场合出丑了，所以其他人可以心无芥蒂地告诉我，他们在扮演体面的成年人时有多么笨拙，然后我就会尝试用我的故事把他们给比下来："哦，你觉得这就算糟糕了？让我告诉你，我是怎么在工作中保护了一个被砍下来的人头的。"于是他们的好胜心就上来了，"这有什么。**那次我……**"一番话下来，我就会又多上一个新的最佳好友。你怎么可能会不爱上这样的人呢——她在公共汽车上听见了一连串烦人的放屁声，但一直不知道是谁放的，直到她发现声音来自她手提袋里的玩具狗，因为一直被她压着。全车人都盯着她看，她只能摇着一根橡胶狗腿朝他们喊道："**放屁的不是我！是这只狗腿！**"回答是：不可能。**你爱这样的人，特别爱！**

但这很奇怪，因为我们经常试图向他人展示一个虚假、明媚、快乐的自我，还得注意去杂货店时别穿太像睡衣的衣服。但是说真的，谁想要看那种虚假呢？没有人。我们真正想要知道的是，尽管我们一无是处，但我们并不孤单。我们要感谢失败，它恰到好处地使我们成了我们自己，并与每一个也在这世界上假装成熟，假装没吃掉在地上的洋葱圈的人建立了美妙的联结。人性的弱点造就了我们，而人生的窘迫让我们相知相遇。

很多人读我的书是因为他们喜欢笑书里那些荒唐事，你可能不该嘲笑它们。我确实希望你能觉得这本书很有趣，但书里也会有一些非常严肃和真实的故事，主要是关于我与精神疾病的斗争。如果我可以选择人生的主题，那我保证这本书的主题会变成我是如何成功营救水獭，然后又怎样成为一个对奶制品不过敏的性感吸血鬼的。但是我们无从选择。我还是一如既往的糟糕，但有了些更好的故事，并且稍微更深刻地了解到我这个人到底是有多糟糕。

就连这篇自序的标题都来自我和一位朋友的一次对话，当时我们在比拼谁是"最惨不忍睹的成年人"。我说我连人类都做不好，最多只能算是一只发育完全的哺乳动物。但我马上想到，能下（lay）孩子（而不是下蛋）和喂奶的才是哺乳动物，而我甚至都不怎么会喂奶。接着我想到了男人，他们虽然下不了孩子但仍然是哺乳动物。我想我也许得查一本科学书籍，以免我把定义搞错了，不然这就成了世上另一件男人用一句"我是男人"就能糊弄过去的事了。我的朋友说："我觉得你不该说'下'孩子。"我答："是啊，我的措辞很差。但我的论点就是我连哺乳动物都做得不大好。"她拒绝接受，并且坚持要我承认我的成就。"你是珍妮·罗森，一只发育完全的哺乳动物！"她说得那么有信心，那么鼓舞人心。我说："你刚刚想出了我的下一个书名。"她说："我觉得你可以想出更好的。"但你猜怎么着？我做不到，于是

我现在又感觉很难过。

但是少管我！吃掉地上的洋葱圈很羞耻？少管我！穿着衣服上床睡觉而不换睡衣（或者说总是穿着睡衣）很羞耻？少管我！放心吹嘘你的那些古怪行径和令人困惑的决定，它们使你成为你自己。有人让你因此难堪？少管我！上述这些事情真的不算什么。

做个好人，友善一点儿，好好去爱。其他的都没劲。唯一重要的是你的感受，以及你带给别人的感受。我反正（暂时）自认为还行，然后作为不合时宜和自我怀疑的业界标杆，我让别人也感觉挺好。

我是珍妮·罗森，一只发育完全的哺乳动物。

我已经准备好开篇了。

珍妮·罗森

目 录

我都忘了我写过这些

我不记得第一次发现自己失忆是什么时候了。这听起来像是个笑话，但我读了两遍才开始笑，然后意识到自己有多荒谬。虽说荒谬得不得了，但你们当中应该会有不少人对我这句话点头认同，对你来说，这句话相当真实。对了，现在我要提醒你们当中一半的人，你们之所以点头是因为我在说关于失忆的事情。如果你还回过头去看了本段第一句话来确认，因为你不相信我们真的在谈论失忆，那你显然是了解了我的痛苦。

我确实可以把一部分原因归咎于我的注意力缺陷障碍[1]，它让我的注意力比不过一只磕了可卡因的小猫。前一分钟我刚有个绝佳的想法（比方说想知道平胸女人的胸部会不会有汗味，因为她们的胸部还挺宽敞的），接着我突然发现自己站在一个打开的

---

[1] 其主要表现为注意集中困难、注意持续时间短暂等。

冰箱前，想着：我为什么在这里？但并不是想问：我为什么在这里？生活的目的是什么？而是在问：我为什么在厨房里？我是怎么到这儿来的？如果我乳糖不耐受，那为什么冰箱里还有牛奶？这房子到底是谁的？然后我想起来我和其他人住在一起，牛奶可能是他们买的。但接着我又开始想：牛奶的颜色一直是这样的吗？我怎么知道它是不是变质了？然后我就在罐子上找保质期，上面写着"11月前饮用"，但它并没有写年份，我不知道是今年11月还是去年11月，所以我还是困惑地站在冰箱前，手里拿着牛奶，想知道它是特别新鲜还是坏到有毒了。维克托走进来说："给我把冰箱门关上。你拿牛奶干吗？你又不喝牛奶。"我说："这是哪一年？"他看着我，好像在看一个疯子。可能是因为他没意识到我真正想问的是这牛奶是哪一年的，而不是我们现在生活在哪一年。但随后我开始想知道今年是哪一年了，因为我以前搞错过。于是他给了我一个又担心又生气的眼神，主要是因为我把冷气从冰箱里放出来了，而不是因为他觉得我学会了时间旅行——我其实是来自未来的珍妮，刚刚从某种时间循环中穿越回来，我在那边手刃了一个比希特勒更坏的人，但你不会知道他，因为我已经把他给杀了（如果有人问这是哪一年，以上将是我的第一反应，因为我无条件地相信别人，维克托）。还有一个原因是他觉得我疯了。但生气主要还是因为冰箱的事，因为他对后面那个原因已经习以为常了。我跟你实话实说，如果要列举我们夫妻感情中最稳定的几种成分，他这种带着些许困惑的恼怒感肯定榜上有名，我想如果我哪天突然变理智了，他可能会怀疑我被外星人绑架了。

等等，现在我认真想了想，觉得我可能真的被外星人绑架过，这样就解释了为什么我有段时间什么也不记得了。这个理由也可以解释为什么我有时候会在衣柜前想：我为什么会在这儿？这些鞋子是谁买的？或者为什么我会惊慌失措地告诉维克托，我找不到我的手机了，而我正用手机和他通话。维克托说这不能解释手机的事。但你怎么知道外星人不会这么做，维克托？他们不大容易捉摸。也许吧，我真不太记得了。**但这不是正好证明了我说得没错吗?!**

对了！又或许有很多个我生活在不同的时间维度上，一个不注意就会沿着时间轴向前或向后滑了那么一下，跑到这个时间维度上的我之所以听起来像个疯子，可能是因为掌握了太多未来才知道的信息，或是对我本该烂熟于心的重要信息一无所知。

我忘记的可不仅是小事。在我年轻的时候，我一度担心我的记忆力衰退是因为我在努力忘记曾经身处邪教的可怕往事。总有一天我会回想起来的，但显然我现在已经完全不记得这个邪教了，这个邪教甚至可能是我自己成立的。但事实并非如此，我只不过是记忆里有个洞，漏掉了我度过的整个假期。我忘了我曾去的国家，然后维克托就会拿出我在这些国家拍的照片。我记得那张照片。我记得有只小鸡在我身后跑来跑去，我还记得当时维克托想用西班牙语说"黄油"却叫成了别的什么东西。但是除了照片，我的记忆全都被浓雾笼罩。这就是我写作的原因。因为我的头脑诡异又难以捉摸，如果没有照片、故事和纪念品，记忆有时就会溜走。我也就和它们一起溜走了。我想知道我到底溜去了哪儿。是不是真有一部分的我被留在了那片寂静的海滩上了？维克托坚持说我曾经躺在海滩上睡着了。又是不是还有另外一个我，正在反复经历着我生命中那些似乎已经被遗忘的时光呢？

但也没那么糟。记忆力差还是有一些好处的。比如我一直缠着维克托说，我发现了一部关于连环杀手的纪录片，我们应该一起去看，结果他难以置信地盯着我，提醒我说我们六个月前才刚刚看过。然后我就说他疯了，我还会生气地自己去看，因为我知道他其实是想看纳斯卡比赛[1]。但等把纪录片看了一半，我就会意识到他是对的，因为有些内容看起来似曾相识。再过六个月，我会告诉他我特意录下了一部有关连环杀手的纪录片，我们可以一起看。他会盯着我说，我不仅看了很多遍，还和他争论了很多次我到底有没有看过。于是我就会用看疯子的眼光看着他，因为我自认绝对没看过这部片子，所以我说：**"你说你不想看就得了，也不必对我使用煤气灯效应[2]吧！"**但是真当我再看一遍时，我才记起来我以前的确看过，而且上次我也是看到同一个地方才反应过来我看过的。于是我不得不告诉维克托他可能说对了，但我

---

[1]　全美运动汽车竞赛的缩写。

[2]　"煤气灯效应"源于悬疑电影《煤气灯下》，指用心理手段操纵某人，使其质疑自己的记忆与理智。

还是把纪录片看完了，因为我不记得结局了。这挺好的，因为我每次看都能有些新鲜感。

书也是一样。即使是我读了一遍又一遍的书，它的结局对我来说也是全新的。我从来都不记得凶手是不是管家，或者爱丽丝是不是逃离了仙境。我原以为我是阿加莎·克里斯蒂的忠实粉丝，但其实我只是反复读了那本《东方快车谋杀案》，而且每次我都对她有点儿失望，因为我通常都会在书结尾之前就找出谁是凶手，但这可能只是因为我把这个故事读了上千遍吧。用电子阅读器就更难堪了，因为每当我要买点儿书，我的电子阅读器就会说："这本书你已经有了，蠢货！"我才不信呢，非要把书下载下来，结果我就发现书的某些段落已经被我标亮了，就是那些我一读就一定会标亮的地方。我还能在书页上读到我之前写下的奇思妙想，可能有些人会对这感觉不舒服，的确可能不舒服，但其实还挺不错的。每当我读一本新书，我都可以和我的读书俱乐部（基本上由所有曾经读过这本书的"我"组成，且都在书的边缘上留下了奇奇怪怪的读书笔记）讨论。这听起来很疯狂，但我的读书俱乐部很了不得，它可能是我参加过人数最多的团体了（即使这些人都是被我遗忘的"我"）。她们特别有趣，每当我读到她们的笔记时，我就会大喊："**是的！我非常同意！……我以为就我会这么想呢。**"这么说应该也没错，因为本来就只有我，读书笔记本来就是我写的，但是，读到它们仍然令我倍感安心，尤其在我忘记我已经把一本书读了上千遍之后，这些文字给我带来了非常必要的安慰。

　　记性不好还有很多好处，最大的好处是它帮我维系了二十多年的婚姻。我会和维克托吵架，我会为他做过的破事愤怒至极，但经常是我吵着吵着就忘了我们在为什么吵架，这让我很难取胜，尽管我知道我是对的，他应该信任我，向我道歉，还应该给我买只雪貂。但是维克托的记性很好，所以我总是提醒自己要去买一台录音机来录下吵架的内容，这样我就可以在忘词的时候停下来，重听一下我们到底在吵什么，但我从来都不记得去买。事实上，写到这儿我才想到录音机可能已经不卖了，因为我已经快 20 年没见过录音机了。接着我想起来，我用随身听淘汰了我最后一台录音机。那是我还记得要去锻炼的时候，只不过那台随身听有点儿难伺候，不把它端平就放不出声音。所以在小区里快走时，我必须用双手把它平举在胸前，好像我急着要把一个小华夫饼机送给拐角处的什么人一样。现在我忘了我刚刚究竟在写什么，我不得不倒回去看，才记起来我写的是有关我忘记了我和维克托吵架的事情。此时此刻我对维克托很生气，因为严格来讲一切都是他造的孽。

　　与维克托的争吵通常会在我的大喊大叫中落幕，**"你又不是不知道我脑子里有个洞！我的记忆都从洞里漏走了！我只是说不出来你为什么错了，但这并不代表你没错！"** 维克托会说："完全没办法跟你讲道理。"我同意，但主要是因为我确信他也知道是自己错了。如果他一开始就没做错什么事，那我就不会生气。

更糟糕的是我连我们吵的架都记不住。总之我认为，在吵架的时候维克托就应该像打高尔夫球那样让我几杆，但维克托说没有吵架让嘴这回事，于是我就放弃了。

事实上，我怀疑我已经和维克托离过好几次婚了，但每次当我收拾完行李准备离开时，他都会把自己的旅行箱也扔进车里说："我真不敢相信你同意去（在这里插入一个海滩的名字，就是我已经忘了名字的那个）。"我可能会说："等等，怎么回事？"然后他就会说："别再假装你又把什么事都给忘了。你同意去（在这里插入一个有照片为证但我什么也不记得的事），我们会玩得特别开心的！"接着，我会再一次怀疑我的智商，我干吗要带盘子去海滩？维克托就会说："是啊，你真奇怪。"我耸耸肩，然后我们就去度了个我马上就会忘记的意外假期，而不是去离婚。总的来说，婚姻长久的秘诀是失忆、善意的谎言和沙滩上的玛格丽特酒。

随着年龄的增长，我失忆的情况变得更加严重，可能是我服用的抗焦虑药物的副作用，也可能只是我变老了，或者是因为我的脑子变得和其他身体部位一样懒惰了。失忆让我困扰的时候不多，但偶尔让我感到不安，比如读过我博客或书的人有时会提醒我一些我做过的事情，但我自己已经不记得了。偶尔他们会让我在书上签一句书中的话，我会说："哦，写得真好。谁写的？"他们会打量我一会儿，看我是不是在开玩笑，然后说："你写的。"还真的是我写的，或者说是另一个"我"写的，是很多个"我"中的某一个"我"写了它。我想这才是最重要的，即使这情形让我有些不安。倘若我就这么一直失忆下去，我也会欣然接受，因为我通常会不记得这是一个问题。失忆还会带来令人愉悦的惊喜，比如收到已经忘记曾给自己买过的东西时，或者是找到了什么特别重要的物品，却对它们一点儿印象也没有时。其实这还是有点儿吓人的。

痴呆症在我的家族中很常见。我的医生认为我还没得这种病，仅是还没，但如果我活得够久的话，很可能也会得的。我奶奶就得了，我记得当她父母痴呆的时候，她开玩笑说她可能也会得。现在，我妈妈开着这个玩笑，我也开着这个玩笑，因为你不笑的话，就只能哭了。大多数时候我们不仅笑，也哭。我们祈祷，希望即使痴呆找上我们，我们也能像我奶奶一样幸福与快乐，即使她都认不清人了。她每周都会翻开同一本斯蒂芬·金小说的第一章，说着她有多喜欢这本书。她忘了自己读过它，然后再从头开始读，再爱上一遍。这是这种可怕的疾病给我们的一个启示，也是提醒：我们的时间是有限的，我们的大脑是脆弱、奇妙而不可靠的东西。尤其是对我们中的某一群人而言。

我见过我的家人丢失了自己，并为他们看着我却认不出而感到悲伤，但我后来也发现他们把每件事都记得很好，所有的记忆都在，只是被锁起来了，也许是想要妥善保管才锁的。这是一个令人心安的想法，我已经可以把它套用在自己身上了。我的脑子里有个洞，我掉进了这个洞里。我怀疑我的记忆都在这个洞里。这是真的，千真万确。我的记忆被锁在一个百宝箱里。我只是不记得了，但并不意味着它没发生过。如果有一天，我看着你，却不记得你是谁，也不记得你对我有多重要，你得知道，从过去到现在，你都对我无比重要，它的真实性从未减少过哪怕一分一毫；你得知道，有关你的记忆被锁在了一个安全的地方；你得知道，那个爱着你的我仍然坐在沙滩上，永远享受着阳光；你得知道，我并不介意现在这个什么也不记得的我，因为有另一个"我"正在紧紧抓住这记忆，护它周全，让它熠熠生辉。她爱你，我也是。

记住这一点。

为我记住。

我把穿在脚上的鞋子弄丢的那6次

（一个不该存在的记录）

但凡你是个正常人，看到这个标题就会想，你不可能把穿在脚上的鞋弄丢。但是我已经多次身体力行地证实了这个论断是错的，所以我猜这其实是一个很常见的问题，只是大家都不敢谈论罢了。所以，我现在就要作为那名勇士，大胆地承认它曾经发生在我身上，次数还不少。

我经常丢东西，但通常都是有迹可循的，比如我找不到眼镜了，是因为它在我脸上；或者找不到我的伏特加，它已经在我肚子里了；又或是那一次我找不到手机了，我用家里的座机打给我的手机（包括我在内的任何人都不知道这部座机的电话号码，因为它的唯一用途就是找手机）。不巧的是，我关掉了手机铃声，但我能听到手机在我身旁某处嗡嗡作响，尽管声音真的很模糊。我在办公室里四处寻找，但找不到。我弯腰去听，想知道它是不是在书桌抽屉里，但听起来好像是从更低的地方传来的，于是我钻到桌子下面，声音变大了，但那里除了地毯什么也没有。我把耳朵贴在地上，试图听音辨位，就像《伴我同行》[1]里的戈迪趴在铁轨上听到有火车迎面而来一样，我的手机仿佛在冲我喊："**声音是从房子里面传来的。房子里面！**"[2]因为我真的感觉震动是从地板下面传来的。我承认我是有点儿不负责任，但你是得多粗心才会把手机忘在整栋房子的底下，我既困惑又对自己有点儿小佩服。我告诉维克托，我的手机被困在房子底下了，可能我们的房子在闹鬼，因为这事只有鬼魂才干得出来。她显然把我的手机放在了地板下面，因为她想把我指引到她的尸体那里。但维克托坚持说那是不可能的，我平静地解释说："**我手机上装了宝可梦[3]，我刚刚抓到了一个完美的卡比兽[4]。如果有必要，我会用一根撬棍把这些地板都给撬起来。**"他并不怎么相信我，可能是因为我们好像没有撬棍，而且我的上肢力量几乎为零。但我又说："如果我放一把小火呢？可控的那种……"一瞬间，他也趴在了地板上，瞪着我说，我的手机不可能藏在地板下面，因为我们又不是生活在恐怖电影里。后来他还是不情愿地把耳朵贴在地板上了，接着说了声"啊"，这是维克托的暗号，代表他想说："哦，天哪，我又一次彻底搞错了，我娇嫩的南瓜花。"

---

[1] 1986 年的一部美国电影，讲述四个童年伙伴的一次冒险活动。
[2] 经典恐怖电影的情节，源于 1950 年的一场真实犯罪，现在用来代指内部的威胁。
[3] 曾译作"宠物小精灵"或"神奇宝贝"，是由任天堂发行的系列游戏。
[4] 宝可梦中虚拟角色怪兽的一种，它除了睡觉的时间都在进食。

但接着他停了下来，说："你可能坐在上面了，站起来。"我往后退，向他展示我身下什么都没有。我说："老兄，你又在怪我这个受害者了。"但他指出地板不再嘎嘎作响了，紧接着我意识到嘎嘎声一直在跟着我，我就说："**声音是从我体内传出来的！**"这听起来有点儿性暗示，但完全不是，因为最后发现我的手机一直都在我裙子口袋里，这让我松了一口气，但也有点儿失望，因为现在我们永远也不会知道地板下面是否藏着尸体了。

但这不是我想讲的故事。我想讲的是把穿在脚上的鞋子弄丢的故事，这听起来很疯狂，却经常发生。我认为严格来说这是我脚的问题，因为我的右脚比我的左脚稍大，所以我总是穿一双对我左脚稍大的鞋子，更糟的是，我患有类风湿性关节炎，所以我的脚有时会肿大好几个码（就像格林奇的心脏[1]长在我的脚里一样）。当我的脚缩回正常状态时，我的鞋子就已经被撑大了，这就导致我经常把鞋弄丢，也就是我常说的"灰姑娘醉酒现象"，或者是维克托口中的"我认为你是故意的"。虽然我更喜欢光着脚，但我不喜欢只光一只脚，因为你会一边高一边低，感觉像是突然得了暂时性小儿麻痹症。没人会故意让自己得小儿麻痹症，维克托。

不过，他仍然不明白为什么这种事情老是发生，所以我要在

---

[1] 格林奇是个绿毛怪，他的心脏比正常人小得多。心胸狭窄的格林奇想要毁掉大家的圣诞节。后来他真心领悟到节日的真谛，于是心脏也变成了正常的大小。故事出自2000年美国电影《圣诞怪杰》。

这里好好解释一下，这样当你遇到我而我可能只穿了一只鞋时，你就知道是怎么回事了。

一

在去一个签售会的路上，我从一部拥挤的电梯里下来，走进一个时髦得有点儿吓人的酒店大堂。在我匆忙走出电梯时，我不小心弄掉了左脚上的鞋子。我立刻就发现了，因为那只光脚感受到了大堂地板的冰凉。但我回不去了，因为电梯里已经挤满了人，我也不敢挤进去捡鞋，所以我只能眼睁睁地看着我的鞋子乘着电梯离我而去。我站在大堂里，只有一只脚穿着鞋，在酒店高级酒吧等位的人们都盯着我看。我疯狂地按着电梯按钮想让那部电梯回来，但是那家酒店有四部电梯，所有电梯都来了一遍（除了我丢鞋的那部）。电梯里的人都冲我打手势让我上去，因为我看起来很匆忙（也可能是疯了），但我只是解释说："不是这部电梯。"这可能让所有人都很困惑，因为这些电梯都在上行。我在想要不要解释一下，但我担心会以公共场所酗酒的罪名被捕，那我就不得不去解释我甚至连酒都没有喝。这将更让我难堪，因为在喝醉了的时候把鞋弄丢还说得过去，要是在清醒的时候丢了鞋就只能是粗心和窘迫了。

那部电梯终于来了，**但我的鞋不在里面**，我目瞪口呆。谁会去偷一只落单的鞋？还不是什么好鞋。旅行时我只带一双鞋，因为我喜欢轻装上阵。而我现在没法儿再去买一双了，因为大多数鞋店要求你进店时必须穿着鞋子（这是一个该死的恶性循环）。所以我就站在大堂里，想着我自己是有多蠢，最后我不得不穿着一只鞋去找保安说："我想要报警，因为你们的电梯把我的鞋给吃了。"保安就用对讲机求援，另一个保安大声回答说："我看看，是一只八码半、塞着'爽健牌'鞋垫的黑色鞋吗？"我说："**是的，那是我丢的宝贝。而且，你也不必把我的鞋有多烂给说出来，浑蛋。**"但我没有说后半截，因为他说得没错。我很高兴塞尔玛（我把我所有的左脚鞋都称为"塞尔玛"，右边的叫作"路易丝"）被找着了，而没被用来伪造脚印陷害我谋杀了什么人。

显然是有人打电话向保安举报了那只任性的鞋子。我猜他们让电梯暂停使用就是在确认这只鞋是不是个炸弹，或者是调查某个不入流的灰姑娘是怎么能跑到这儿来乘电梯的。随后保安把我的鞋拿下来给我，我给了他两美元，因为我不知道拿回自己的鞋该给多少小费。我发誓以后再也不把鞋弄丢在电梯里了，我真的再也没这么干过，直到一个星期后，我又干了一次。

二

当我从圣安东尼奥机场的停车场电梯出来的时候，上次那只鞋又掉了，这让我慌乱得把行李箱都给弄翻了，所以我没法儿在扶起行李箱之前把鞋给捡回来。幸运的是，我穿了一条很长的裙子，所以我只不过是像火烈鸟一样把一只脚抬起来了，就像我只有一只腿一样。这其实没什么，除了那对年轻夫妇（他们身上的围巾对于得克萨斯州[1]的天气有点儿太厚了），在我差点儿摔倒的时候（因为我不会用单脚保持平衡），冲我微微冷笑。我目光锐利地盯着他们，因为他们是那种会对一个独脚女人评头论足的浑蛋。我觉得自己非常正直，直到我提醒自己，我并不是货真价实的独脚女人，我只是假装失去了一条腿，还是在掩人耳目，不让人发现我的鞋子正在没有我陪同的情况下独自乘坐电梯。从保安那里把鞋拿回来后，我恰好又遇到了那对围巾夫妇，他们面面相觑，好像在猜我到底是有一个孪生姐妹，还是像海星一样又长出了一条腿。

三

当时我在一家书店，我想问问工作人员店里有没有在卖我的书，我可以在上面签名。但和人交谈让我很紧张，于是我陷入了"战或逃"。（战或逃综合征，是很多焦虑症患者在压力环境下需要应对的选择。我的可选项似乎就是要么去砍倒那个让我恐惧的人；要么把我的膀胱排空，这样我就能跑得更快。我会选择去小便而不是砍人。不用谢。）所以我乘电梯去了卫生间，但是当我从电梯里跑出来的时候，我……说真的，你还需要我在这儿

---

[1]　圣安东尼奥是得克萨斯州的第二大城市，年均气温在 20 摄氏度左右。

解释什么吗？无非又是电梯抢劫了我的鞋子，就是这么个情况。跟之前一样，第二部电梯来了，我说："**不是你。我要的是另一部电梯**。"当时有两个女人就站在我旁边，她们看着我那只光着的脚，我指着刚被我叫上来的电梯说："你们上吧。"但她们说："哦，你先来。"我说："哦，我不想上楼。我只是在等待一只鞋。"她们盯着我。我说："不是约会的那种'等待'。这又不是专为脚设计的 Grindr[1]。只是我的鞋被电梯偷走。"她们说："不如这样吧，我们走楼梯。"然后又有一对夫妇走了过来，我不想再解释了，于是我和他们一起上了电梯，呆呆地盯着天花板，假装只穿一只鞋是一种先锋派的时尚。但是当我下了电梯，才发现装着我鞋的电梯已经回到了楼下。我的鞋子根本就是在乘电梯兜风吧！所以我再次按按钮呼叫电梯。电梯终于来了，只不过所有人都下电梯后，我发现我的鞋子不见了。这已经不是第一次了。

所以我找前台说："这听起来很奇怪，但我在找一只鞋。"女孩说："可这是一家书店呀？"我解释说，我不是来买鞋的，而是在找失物招领处，看看是否有人送来一只鞋，因为电梯刚把我的鞋给吃了。她问："它长什么样子？"这问题好像有些古怪，到底是有多少鞋子被电梯偷走还被交给了失物招领处？我指着我还穿着的那只鞋说："看起来跟这一样，只不过它里面没有脚。"她盯着我，我忙补充道："因为它没穿在我脚上，而不是说我把

---

[1] 一款男士专用约会软件。

装着人脚的鞋子落在你们店里了。"

之后另一个店员把我的鞋子找给了我。这就是为什么我再也没法儿去那家书店了。

四

同一年。不同的鞋子。

在一家餐馆里，我走进卫生间时被绊了一下，于是我的鞋从左脚上滑了下来，在地板上一路滑过了三个隔间，最后撞到了一个女人的脚踝。第一个隔间里的女士大叫："**那是条蛇吗？**"这真古怪，因为我不知道你怎么能把一条蛇和一只鞋搞混。但是后两个隔间里的女士跟着叫了声："**蛇?！**"并且以防万一，她们都把脚抬了起来。最后一个隔间里的女士说："……刚才是有人朝我扔了一只鞋吗？"如果当时我头脑能灵光一点儿，我就会说我扔鞋是为了打蛇，并因此被誉为英雄，我却惊慌失措，穿着一只鞋跑出卫生间，告诉维克托，我们必须马上离开，因为我不小心踢了一个正在拉屎的人。"你为什么要那么做？"他问道。我也不是没考虑过向维克托解释"不小心"三个字的含义，但我真的吓坏了，所以我说："**我刚才用我脚的分身踢了一个人，所以现在我们必须得离开。**"维克托表示拒绝，因为他刚点了餐，所以我用包挡住我的光脚，直到卫生间的人都走光了。我走进去的时候，我那只鞋子正孤零零地坐在水槽上，看上去毫无羞耻心。

五

在一场雷雨中,我跑着穿过购物中心的停车场,踩进了一条足有脚踝深的水沟,鞋里都是水,扑通一声就离我而去,接着迅速被冲进了下水道,现在它同鳄鱼和小丑们[1]住在一起。

六

那次我去看电影,在卫生间冲马桶的时候,突然想到最近有人告诉我,我应该用脚冲马桶,因为这样你的手就不会碰到冲水把手了。实话实说,在我发现其他人都在用脚冲水之前,我没觉得用手冲水有什么问题。但现在我知道了,你用你那只穿进公共卫生间的鞋冲马桶,我再用手去冲就好像在刮你那恶心的鞋底一样。所以现在我也得用脚冲了,罪魁祸首就是你们!不幸的是,我只是个用脚冲厕所的新手(而且这家电影院现在开了个酒吧),所以我失去了平衡,摔了一跤,身体撞到了墙上,这时我的鞋子弹到了马桶座上,**然后正好掉进了马桶里。**

厕所的水溅到我裙子上了。

我想原地爆炸。

我喊了一声,旁边隔间里的女士犹豫地问:"没事吧?"我回

---

[1] 纽约下水道里有鳄鱼是美国的都市传说,下水道里住着小丑则是来自美国电影《小丑回魂》,杀人小丑以残害孩童为乐。

答说（声音有点儿太大了）："什么事也没有，马桶里什么都没有。"在卫生间里说这句话是很奇怪的，因为你进卫生间就是要在马桶里放点儿什么。我通常会把尿留在马桶里，而不是身上穿的某些东西，所以我当时真的状态不佳。我站在那里，用一只脚保持平衡，因为我不想把我赤裸的脚放在公共卫生间的地板上。我盯着马桶里的鞋子，意识到这将成为我永生难忘的时刻之一。

我没有把鞋从马桶里掏出来，因为我怕得霍乱，但我确实把我所有的现金（差不多4美元和一张用了一半的星巴克礼品卡）放在了马桶水箱上，作为对把鞋掏上来的人（不管是谁）的赔礼。然后我用餐巾纸和钱包里的橡皮筋做了一双新鞋，带着我仅存的几分尊严，走到我的车前，开车回家，换上一双新鞋，开车回去，假装什么都没发生过。当维克托问我为什么错过这么一大段电影时，我盯着屏幕说："拉肚子。"因为从来没有人会追问拉肚子这个借口，这比说"因为没有哪件事情我做对了，所以马桶把我的鞋给吃了"要容易多了。

七

第七个故事还没有发生，但我怀疑在这周末前我能再攒一个，所以我就先在这里留个空。

是的，把这些时刻说出来有点儿丢脸，但好在现在的我看到路边孤零零的鞋子时，就会说："哦，还有人和我受着一样的苦。"我的内心会感到一丝温暖。然后维克托就会说："等等，那是你的鞋吗？"这很没礼貌，因为不是所有被弄丢的鞋子都是我的。你应该心存感激，因为今后你要是在高速公路上看到一只被弄丢的鞋子，你就会想起我，而不是担心 UFO，或连环杀手，或者 UFO 连环杀手正在实施绑架*。**亲爱的世界，你不用谢我。**

◇

＊维克托说他从没这么担心过，但是他也说他没怀疑过路边的那些黑色垃圾袋里装着死尸，所以很明显他在说假话，或者听过讲真实犯罪的播客节目不够多。

那次我给我的狗买了"手指安全套"

上周我去宠物店时，有一个巨大的展柜正在促销狗鞋。我顿时感到内疚，因为我从没觉得我的狗竟然还需要这玩意儿。多萝西·巴克是一只蝴蝶犬，她的脚差不多和顽皮吸管糖[1]一样细，所以我确信她穿不上这里的任何一双狗鞋。店员建议我试试那种防水的一次性橡胶狗靴，但是我深深觉得他只是想卖给我一袋异常昂贵的瘪气球。

我算了一下，发现每只狗爪差不多要1美元，也就是说，我要付4美元才能让她的狗爪子都套上这种气

---

[1] 一种粉末状的糖果，被装在一根根类似吸管的塑料包装里。

球。我心想，这莫非是个测试？通过这个测试他们可以看出你有没有因为买狗而彻底丧失理智？这就好比你为脚不沾地的新生儿买了一双价值100美元的微型鞋子。我向来不做这种蠢事。

所以我就想，我这么心灵手巧，干脆自己动手做这破狗靴好了。要不是因为多萝西·巴克太小了，我可能真会这么做，但是我女儿的气球对多萝西·巴克来说都太过巨大了，她走一步就掉了。于是我去了药店，店员问我需不需要他的帮忙。我说："好呀，我在寻找特别小的安全套。差不多婴儿尺寸。"他"嗯……"了起来，我立马解释说："我是说，这显然不是给我用的。"他笑了，有点儿像是如释重负。接着我说："是给我的狗用的。"

他不笑了。

"不是给她用！"我说，"她只是一只母狗。我是要给她的手戴。"他用奇怪的眼神看着我，可能是因为我把狗"爪子"说成是"手"，让他以为我的狗有点儿小爱好。她当然不是，而且我甚至不觉得狗会来这套。

店员盯着我，看起来好像没法儿确定我是不是凭空捏造了一条狗来掩盖我想要超小安全套的隐秘需求，所以我澄清了下："我要的那种安全套甚至不必用在阴茎上。比方说那种手指安全套？"他说他对这类产品并不熟悉，我马上接腔："好吧，那你肯定没在餐饮业工作过。"他看上去更不自在了。

我解释说，手指安全套就是你不小心划伤手指后戴的东西，这样盐就不会跑到你伤口里去，血也不会沾到食物上。他说："哦！你是说指床！"我说："不！绝对不是！"但随后他把它们给翻出来了，真没想到"手指安全套（finger condom）"原来叫"指床（finger cot）"。这个名字取得真是一点儿道理也没有，我跟他说，cot的意思是一张破床，相比起来，"手指安全套"更像是小小的防水睡袋。他没搭茬。我却突然发现我连多萝西·巴克需要多大的手指安全套都不清楚。它们可是1000个装整箱出售的！这世上我最不需要的东西就是996个对我的狗来说太大，但是对我来说又太小完全用不了的安全套！所以我问能不能带我的狗来试穿一下，他说他得问问经理。我建议他们可以卖一卖手指（或者狗用）安全套，因为他们的价格比宠物商店要便宜。他看上去非常困惑，我完全能够理解。因为手指（或者狗用）安全套可能在网上会卖得更好。于是我决定闭嘴，毕竟我一直都来这家药店拿药。我觉得最好别再给他们另一个不给我开精神类药物的理由了。（尽管刚才发生的一切可能让他们再给我开药时速度明显加快，但这真的很难说。）

接着我回了家，跟维克托说我要在网上向狗兜售手指安全套发大财。但他说狗没有手指，也不准我一个人再去那家药店。我把防水橡胶狗靴解释给维克托听，他说："现在的狗脚已经不防水了吗？它怎么可能会有销路？"我震惊："该死，你说得句句在理！"维克托就此毁掉了我平生唯一一个商业计划。

不过这也许是最好的结局，因为我怀疑在得克萨斯州的高温下，安全套会融化在人行道上。我可不想上法庭，就因为有狗穿了我没彻底测试过的安全套而被粘在了人行道上。尽管我还是一直深陷于研发狗用安全套的深渊里不可自拔，但最终我决定还是让多萝西·巴克赤脚好了——或者给她用点儿防水喷雾。

但是事实证明，多萝西·巴克的脚不是我最应该担心的地方。昨晚她无法入睡，还跑出去小便了至少10次，所以今天我带她去看兽医，兽医说："您的狗有尿路感染和犬阴道炎。"我知道前一个是什么病，但是后面那个对我来说真是闻所未闻，所以兽医解释说："她的阴道已经烂透了。一共是300美元。"

接着她说："我给您一些药用湿巾。您每天需要把狗的阴道清洁4次。"这似乎有点儿太多了，坦白讲，我都没这么频繁地清洁过自己的阴道。

我回到家，多蒂[1]却拒绝让我靠近她的"淑女花园"，我追着她大喊道："**我给你擦一下！**"但是她低吼着躲在桌子底下，我接着喊："**狗崽子，你得和我团结协作！**"她试图咬我。我对她说："**听着，我不是想让你感到羞耻。我向你保证，作为一个女人你这么难过再自然不过。**"这时，维克托从他的办公室走出来冲我咆哮，抱怨我让他没办法在电话会议里维系他的专业形象。我说："这不能怪我，要怪就怪你家狗的阴道。"他说："好吧，那你先忙。"

---

[1] 多萝西的昵称。

最终，我想到如果没有那么多毛，清洁狗的私处可能会更容易一点儿，所以我去了塔吉特商店 [1]。他们没有狗用剪毛器，但他们有成堆的剃须刀，这似乎跟我的需求已经很接近了。但我不知所措，不知道该选择哪一个。一个正在补货的女人问我是否需要帮助。我解释说，我正在寻找为我家狗阴道剃毛的最佳方法。她"哦"了一声。我接着解释，这么做是为了治病，不是为了娱乐，但她看上去仍然非常不安。于是我意识到，也许她和很多人一样，对"阴道"这个词的理解仅限于字面，也就是"淑女花园"的管状部分（老实说，在狗的阴道里剃毛该是有多奇怪），所以我改口说："我指的是狗的外阴，你肯定明白我的意思。"但直到这时我才发现她好像完全没听懂我在说什么，于是我赶紧抓了个最便宜的、带有刮耳毛配件的剃须刀，因为如果它可以在耳朵上用的话，那对狗的阴道应该也很安全。

不幸的是，多蒂不知道我只是想帮她，她被剃须刀给吓坏了，一直躲着我。所以我不得不在她头上包一条毛巾，这样我们就不用大眼瞪小眼地共度这羞耻时刻了（说实话，我在热蜡脱毛时就想这么干）。她稍微平静了一点儿，我一只手像拿卷饼一样地托住她，另一只手拿着剃须刀。她开始蠕动，所以我不小心从她尾巴上剃掉了一大块狗毛。看起来就像她想给自己剪一个刘海，如果她的刘海长在屁股上的话。

---

[1]　美国第二大零售百货集团。

维克托对我大叫，指责我伤害了她，但是维克托，在我给她剃毛之前，她就已经半残了，而且我还有医生的账单为证。说真的，她似乎对新剃过的阴道非常满意。她绕着房子跑来跑去，感受着微风轻拂着她裸露出的下体，向任何愿意注目的人炫耀。

我在这里想表达的是，单凭自身实力我已经足以出丑得不留余地了，所以我真的不需要再养一只狗来帮我。她很幸运，因为她很可爱，就连我这个根本不想养狗的人都在成天给她试安全套，为她病了的"淑女花园"做美容。此时此刻，我想要一个奖杯。但我只想要一个最最简单的奖杯，上面写着我是一个好人。而不是一个专门表彰在狗生殖器上展现卓越才能的奖杯。

没人想要这种奖杯。

但这也说不准。

彩虹火焰

从记事起，我就一直在和焦虑做斗争。年轻的时候，我以为随着年岁渐长，它就会消失；当我年纪挺大的时候，我以为等我成功了，它就会消失；当我成功了，我才觉得它不可能消失了，因为即使一切顺利，我还是深受困扰。

我想，我第一次被焦虑困住是在 6 岁。

我记得小时候我曾经躲进装玩具的箱子里，把箱子里的玩具扔到卧室地板上，盖上盖子，就为了躲避那种莫名其妙、令人不安却毫无理由的恐惧，我无法用任何语言来解释它。有时我只待一分钟，有时我待得太久了，眼前的黑暗就变成了模糊一片的五颜六色，在我眼前翩翩起舞。在我被焦虑困住之前，这里对我来说很安全。不是你想象中的那种困住。比方说我的妹妹坐在盖子上捣乱，不让我出来，那样其实没什么，事实上，我反倒能从中感到一种奇特的安全，就像有一个小保镖在保护我的安全一样。

但我第一次被焦虑困住的时候比这可怕多了，因为把我困在箱子里的人是我自己。

当我妈妈叫我时，我耳边听到心脏怦怦跳动的声音。我该去上托儿所了，因为妈妈要去上班。我心里清楚，当我爬出玩具箱后，我就必须去那里了。尽管其他孩子们都喜欢，但只要妈妈离开我的视线，那个地方就会让我陷入一种令人恶心不已、泪流不止的恐慌之中。尽管托儿所里没发生过什么真正可怕的事，我还是每时每刻都惊慌失措地哭着，担心我再也见不到我的家人了，担心我会迷路，担心我妹妹会被车撞到……这些事情听起来真傻，但在那时的我眼里异常真实。我妈妈又在叫我过去了。我知道如果我不过去就会惹麻烦，但我动不了。因为恐惧，我全身动弹不得。我知道这听起来很傻，但我真的没法儿打开那个盖子。

但我妈妈可以。当她打开盖子时，光线刺痛了我的眼睛，让我意识到我在这儿已经躲了很久。我还没准备好。不管是情感还是身体，我都没有准备好。我妈妈把我抱到车上，带我去托儿所，竭尽所能地安抚我，但很快我的焦虑也开始折磨她了，和折磨我时一样剧烈。托儿所会给她打几十通电话，因为我哭得无休无止，因为我把自己锁在卫生间里，因为我拒绝脱掉外套，好像我不脱衣服，就可以假装妈妈随时会回来一样。最后她辞职了，在托儿所的餐厅里找到了一份工作，这样她就能一直陪着我了。她从没说过她这么做是为了我，但我想我们都心知肚明。我当时真的很想说："这没什么，我也能做到。"但事实是，我做不到。

焦虑症从未在我生活中真正消失，它的发作毫无理由、毫无节奏、时好时坏。这些年来，我一直把自己藏在卫生间、衣橱和书本里。更多的时候，我躲在自己构建的世界里。这是一个孤独却安全的地方。除非我被焦虑困住了。当我害怕离开卫生间的时候，我会错过下一节课或会议；当我害怕把眼睛从书本中抬起来时，我会假装没听见那些想引起我注意的同学在说什么，接着他们就会因为我无视他们而取笑我；当我深深地迷失在自己的思绪里时，我真的不知道该怎么从中挣扎出来。

这一切从未完全消失。治疗和冥想对我有所帮助，但我还是会在长达几个星期或几个月的时间里被焦虑困住。

几年前，我周游各地推销我写的一本关于我与精神疾病斗争的书[1]。活动举办得很成功，也就是说各大书店里挤满了可爱可敬的人们，他们也经常要应对我遇到的许多问题。有很多人来，他们颤抖地告诉我，这是几个星期来他们第一次走出家门。我认出了那些恐惧的眼神，以及由于极度紧张而随时准备逃跑的疲惫，我能感同身受。能和他们交谈让我感到骄傲和高兴，但我同时也感到羞耻，因为加上离家的焦虑，这些活动已经让我筋疲力尽了。所有空闲时间我都躲在酒店房间里，不是在恢复就是在准备去面对被众人簇拥的焦虑。

我穿越整个北美，到了我从未到访过的城市，我却在浪费这些

---

[1] 《高兴死了!!! 》。——编者注

赏玩世界的机会，因为我无法离开酒店房间。我没有力气去参观那些令人惊叹的地方，即使它们就在我的门口。我也因此恨我自己。但我了解自己，同情我自己。我（理智地）告诉自己，如果我当真从房间里走出去，会消耗我大量的精力，我会没有气力去见那些来我读书会的人。我明白我的决定是对的，但这无法让我摆脱挫败感与羞愧，因为我做不到对大多数人来说轻而易举的事情。

那一次我到访纽约，我在酒店里俯瞰着时代广场和卡内基大厅，以及所有那些我想参观但无力亲身前往的地方。我望向窗外，那些地方看起来像是在火星，遥不可及。我穿好衣服，决定出去走走，哪怕只是一分钟，但我做不到。我站在酒店房间的门口，我凝望着它，它好像变作了一堵砖墙。我颤抖着，哭着，感觉自己完全崩溃了。我甚至都没法儿向谁抱怨这件事情，因为它让我觉得自己愚蠢透顶。我有一个这么好的机会，却必须放弃，什么也做不了。

我蜷缩在窗边，打开窗户，探出身子，感受着微风拂过我湿漉漉的脸。我告诉自己，这样就和出门游历世界一样了。即使这只是自欺欺人。我看着游客们走进卡内基大厅，想象着里面是什么样子。就是在那一刻，我看到了它。

在我的窗户下有一个喷泉，形状像一朵蒲公英。那由多条水管构成的巨大水球让所有路过的人都显得十分渺小。每条水管的水柱最后都汇到喷泉里，看起来很像烟花，只不过是用金属和水做成的。我以前见过它，它很漂亮，但现在它有些不同，因为风把喷泉喷头上方的水雾吹了起来，光线穿过水雾，形成了一面巨大的彩虹墙，它随着水摇曳，像是彩虹组成的火焰。

我向你保证，如果照片是彩色的，它美到惊人。

彩虹之火越来越高，幻化成了一个栩栩如生的、巨大的生命体。这景象让我忘记了呼吸。赶在它消失之前，我忙抓起我的手机去捕捉这一瞬间。就在这时，我发现了当天第二件令我极其震惊的事情。

我发现没有其他人注意到这一切。

数百人从喷泉旁匆忙而过。没人停下来。没有人敬畏地抬起头。这可是我见过的最美的景象之一呀，可好像没有其他人在乎它。

一开始我以为是因为他们都太习惯于看到这样稀有无比的美景了，所以对他们来说，这样的美景老套又无聊，就逐渐把它当作可以熟视无睹的背景。但后来我意识到完全不是这么回事。

我是唯一能看见它的人。

阳光从建筑物之间射向喷泉，所以那个舞动的彩虹火焰的棱镜只有从我的方位才能看到……从这个把我困住的小房间里。它仍然是我一生中见过的最辉煌、最震撼的事情之一。我突然想到，如若不是我被困在酒店的房间里，情绪崩溃了一小下，那我永远也看不到它……如果那一刻我没有站在那个地方。这一切都与视角相关，事实上和概念上皆是如此。我觉得这是一个暗示，告诉我也许有一条路是我注定会踏上的。这条路和其他人走的路不一样，可能会很艰难，很孤独。但这一切提醒我，在这条路上我会遇到非常美妙的事情，是走那些正常道路不可能看到的。

我又哭了，但这次是出于小小的谢意，因为是我的兄弟肯尼让我能站在这个特殊的角度上。美丽，震撼，大多数人却看不见，独一无二。

我希望我能说，看到那个喷泉激励了我在下一刻离开我的房间，那样我就能看到其他令我惊奇的景色了，但没有，我还是没准备好。生活也没有那么容易圆满，但有时生活会给你宝藏，提醒你，也许，只是也许，你恰好就站在你应该去的地方。

我不来参加你聚会的所有原因

如果你和我哪怕有一丁点儿像，你就会知道社交活动真的可以很可怕（我自己，连同所有不幸靠近过我的人都这么觉得）。事实上，如果我曾经哪怕有一小会儿在你身边晃悠的话，我都应该在这里给你道个歉，因为我当时肯定让你觉得很不自在。如果我没能让你有些感觉，那很可能是因为你和我一样局促，所以完全没注意到，又或者是因为我在你身边晃悠的时间不够长。相信我，我的社交技能差到我有时会去幻想被软禁在家是件多么美好的事情。

这就是为什么我会记录下所有我对陌生人和同事们说过的破事，社交场合通常自带一种令人尴尬的沉默，但通常我的话会让这份沉默更加尴尬。我把它们写下来，这样每当维克托坚持要带我去参加什么办公室聚会时，我就可以掏出这份记录，对着他读个几分钟，他就会改变主意："哦，好吧。我刚刚在想些什么啊。"

那些我大声说出的胡话都没得到我期待的回应

◆

你知道你可能神不知鬼不觉地得上狂犬病吗？因为蝙蝠咬人的动静特别小，你甚至感觉不到它在咬你。它们的唾液里有一种抗凝血成分，这样它们就可以在你睡觉的时候整晚舔你了。你就会变成一块蝙蝠怎么舔也舔不完的硬糖。所以说呀，你最好别和蝙蝠发生一夜情，这也是为什么我会穿连脚睡衣睡觉。当然，这么穿一点儿也不性感，但你知道比这更不性感的是什么吗？就是你的脚趾像一根吸管一样被病快快、长着翅膀还有恋足癖的啮齿动物 [1] 吮吸。

◆

我觉得双语能力没得到应有的重视。德语中的"我爱你"是"Ich liebe dich"，发音是"ick leeby dick"。妙就妙在当你吵架的时候，你可以对着你的丈夫大喊这句话，听起来就像你在骂他是个会漏水的、黏糊糊的小鸡鸡。他回骂后，你就可以说："**我刚刚在说'我爱你'，你这个伤人的混球。**"

---

[1] 蝙蝠不是啮齿类，而是手足类。但这显然不重要。

◆

　　人们说做女人好，因为她们可以有多重高潮。但是，只要你有足够的耐心，似乎任何人都可以有多重高潮。我忍不住想，这个让我们女人获得盛赞的又不是什么实实在在的好处。做爱又不是赛跑，还要赶时间。要真是赛跑的话，我怀疑男人总会在我们前面到达终点。

　　◆

　　人们都说"血浓于水"，但是从什么时候起，越浓就代表越重要了？布丁可是比血浓多了，但我还是宁愿要血。除非是吃甜点的时候，那我当然选布丁。

　　◆

　　我才意识到字母表的顺序完全是随机的。它根本不是按照字母顺序排列的，因为得先有字母，才有字母顺序这一说，而字母的顺序是随机的。所以是什么让我们决定字母表的顺序就该是现在这样呢？其他语言的字母顺序是不是跟英文一样？**这顺序是谁排的**？

◆

　　人类的乳头数量大约是世界人口的两倍，但人类的睾丸数量大约和人口数持平。这就是说，平均每个人有一个睾丸。这真是个古怪的应用题。

◆

　　我的朋友邦妮告诉我，无花果吃起来那么脆是因为里面有黄蜂，但她这么说可能只是因为不想让我分享她的无花果酥。

◆

　　你知道吗？雄蜂在与蜂王交配后会死亡，因为它们在高潮时睾丸会炸掉，然后它们的生殖器就那么留在了蜂王体内。我都不知道谁更可怜，是那些眼睁睁看着朋友的蛋蛋炸开的雄蜂，还是蜂王？它们肯定在想，**"为什么我总遇上这种破事？"**反正我认为这就是蜜蜂越来越少的原因。

◆

　　如果每次我虚伪地认为自己比那些自吹自擂的伪君子要高明

的时候都能得 5 美分，那我可能就会有足够的钱去解决我们迄今为止毫无进展的某些问题了。

✦

为什么我们会说"坠若蜉蝣"[1]呢？所以五月（May）是有多危险，它究竟把苍蝇（flies）怎么了？

✦

我觉得微波炉速食包装上写的"请在烹饪至半熟时搅拌"只是为了故意浪费那些蠢人的时间，这样他们就没时间打扰我们了。对此我还挺感激的。

✦

我想知道尼尔·阿姆斯特朗有没有厌倦被人们不停追问那个他在 60 年前待了不超过一天的度假地。月球不就是一块没有空气的大石头吗？让我想想看，非要说它有趣的话，那墨西哥也还不错。

---

[1] Dropping like mayflies，意为"（人们）成批死去""（事物）告一段落"等。

✦

　　有人送了我一张海报，上面写着："让她沉睡吧，因为当她醒来，她将移动山峦 [1]。"我觉得这个想法挺好，因为它叫人们别叫醒我。但我现在已经睡不着了，明天我得去银行，而我却没法儿让大脑关机，现在我还发现我得去移山。我之所以睡得这么晚，可能只是因为我整晚都在担心我要把山移到哪儿去。也许那些山就想待在原地呢。**为什么要我去移？** 凭什么！我就把有关移动山峦的字句给画掉了，只留下"让她沉睡吧"。因为我干不出倒洗澡水把婴儿也给扔了的事。事实上，我根本不扔孩子。我也不移山。

✦

　　昨天我又找不到手机了，于是我用座机给我手机打了个电话来找它。几分钟后，我在手机上发现我错过了一个维克托的电话，于是我打给他，他却说没打过。我冲他说："你这个骗子，我这儿明明有一个你的未接电话。"过了一会儿我才意识到这个电话也是我自己打的，当时我想假装有人找我。看来是我自己在给自己施展煤气灯效应。

---

[1]　Move mountains，指成就一番艰难却辉煌的事业，下文中作者用"移山"的字面意思理解它。

◆

　　今天早上我在写一篇关于芽甘蓝（brussel sprouts）的文章，自动拼写检查告诉我这个词实际上应该写成"brussels sprouts"。得加 s。难道是因为它们来自布鲁塞尔吗？我已经四十多岁了，可这我还是头一回知道。我这一生就是个谎言。

　　◆

　　我想知道是不是每种语言都有"呃（um）"这个词。如果是的话，为什么是"um"？我们说话时被卡住的那个词从统计学上来说不大可能会以"um"开头，除非它是"雨伞（umbrella）"。我们应该将"呃（um）"替换为"我（I）"，因为大多数句子都是以"我"开头。这应该能行，因为即使你把它说出来之后不记得下一个要说的词是什么了，你也可以把话改成"我……不记得那个词该怎么说了。"

　　◆

　　维克托想让我感到愧疚，因为我从来没有去给我女儿海莉办出生证明。但我争辩说，我没去办出生证明，是因为它就是张婴儿收据，我反正又不会去退货。然后维克托说，出生证明不是用来退孩子的，而是为了证明你有孩子。但我已经有证据证明我有孩子了，她的名字叫海莉，她住在这里。

✦

人们总是说"多就是少"，但我觉得好像"多就是多"。如果多就是少，那么少可能就是多了。现在我的头更疼了，或者是更不疼了。也许两者兼有吧。

✦

昨天，我给维克托发了一条短信说："你是我翅膀下的风。"然后他回复说："怎么回事？"原来是因为我不小心打成了"你是我腿下的风"，于是他说："你指的是屁？"是的，维克托！你是个屁。

✦

我去杂货店，店员说："不好意思，你的胸上有一张便利贴。"她说得对，上面写着"喂蜥蜴垃圾"。我解释说，这是提醒我去喂我女儿的蜥蜴和倒垃圾的，我可不会随便给哪只蜥蜴喂垃圾的，因为那样会乱套的。她说好吧，但我不知道她是不想计较便利贴上的内容，还是不想计较我蹩脚的解释。

◆

莱特兄弟和弗兰克·劳埃德·莱特[1]是亲戚吗？因为一个家族里出了这么多天才似乎有点儿不公平。

◆

不知道有没有人动过改写《爱心树》[2]的念头，让树去跟踪孩子，而不是让孩子老去找树？如果没人这么想过的话，那这就是我的原创了。

◆

数学说两点之间直线最短。但要是走这个最短直线你得开车穿过一个湖或一栋砖石建筑，那你肯定会被坑，慢得不行。数学要是学好了，想当出租车司机就没戏了。

---

[1]　美国最伟大的建筑师之一，与飞机的发明者莱特兄弟同姓，但他们并不是亲戚。
[2]　美国著名儿童绘本，由美国谢尔·希尔弗斯坦编写，讲述一棵大树在男孩成长的不同阶段给予了无私的奉献。

◆

我不知道睡觉和时间旅行有什么区别。

◆

人们都说"好人最后到终点[1]"，但我觉得最后一名没什么，因为谁想和跑在前面的浑蛋们混在一起呢？这句话听起来很悲惨。好人最后到终点，但围绕在他们身边的人也都是好人。你知道好人会带给你什么吗？免费奶酪，分酒器，还有回家的顺风车。他们甚至不会因为你用"家伙们（guys）"代指所有人而大喊你是性别主义者，因为他们很友好。即使你很蠢，他们也会说："哦，保佑你那颗愚蠢的心，你仍然可以和我们坐在一起。"别管那些跑在前面的人。让他们先跑到终点，让他们去溺死小猫或者干其他什么坏事。我们有玛格丽特酒要喝，有小猫要救。救你自己的小猫咪去。

◆

健身杂志一直跟我说我应该多运动，但我为什么要相信这些

---

[1] Nice guys finish last，也译作好人不得志，指非常善良有同理心的人往往很难在充满竞争的环境下获得世俗意义上的成功。

杂志呢？它们还指望着我掏钱买呢。但我才不买。我的健身杂志都是从我心理医生的办公室里偷来的。这些杂志让你觉得自己不行，但我们大多数人本来就已经觉得自己很不行了，所以我把杂志偷来是为了救人于水火，不让更多人受到这些文章的打击。比方说我最近看到的一篇关于凯格尔运动的文章。文章告诉我，我应该一直做凯格尔来"提升盆底肌[1]"。这真是荒谬，我竟然还得锻炼别人看不到的部位？设计这个骗局的人明显智商欠费。接下来他们还会告诉你，你得让你的脑垂体做蹲起，或者是让你的睾丸做拉伸。我跟你讲，我甚至都不知道为什么要把盆底肌提升起来，骨盆再抬高点儿，这不就戳进胃了？所以你这么做不过就是把躯干给挤压了，但这反而会让你看起来更厚实。这时候你就会出于绝望而跑去买他们家的杂志了，因为你好不容易练就的紧实阴道让你看起来特别胖。而且他们真的在向年纪大的女人不断推销凯格尔！但是像我这样老的女人，躯干已经开始萎缩了，要是再加上凯格尔，就等于是要把自己锻炼成一个挤压过度的手风琴，阴道肌肉特别强韧的那种。有杂志会告诉你这些吗？不！没有。因为没人想要读这样的杂志。我有一个理论，如果你不做凯格尔，你的盆底肌就会掉下来，那么你的阴道就会有一个很高的天花板了，在找公寓的时候你一定会觉得这种设计特别有型，所以出于同样的理由，我觉得盆底肌掉下来也特别有型。当然，

---

[1] 盆底肌（pelvic floor）可以直译为骨盆地板。

这样你每次咳嗽可能都会漏点儿尿。我不是医生，但事情就是这样，一点儿都不难理解。你知道吗？拼写检查程序一直在"凯格尔"这个词下面加下划线，说它不懂这个词是什么意思。**拼写检查程序，你得跟上潮流啊。**

✦

海莉问她长大后能不能当宇航员，维克托鼓励说："天空才是极限"，但我反驳如果天空是极限的话，那么你就**阻止**她当宇航员了，因为太空就是在天空的外面。接着他辩解，如果你让一架飞机留在**地面**，它们就肯定上不了天了，所以既然他已经说了天空才是极限，那他就不可能把她留在**地面**了[1]。我听了后表示同意："一针见血。"我不记得我们后来有没有向海莉解释过，我们当时不是在争论，而是在玩文字游戏。所以我的孩子要是认为她没法儿当宇航员，那很有可能是因为维克托的语法太差劲了。

✦

我的语法真的很好，除了我经常拼错"grammar（语法）"这个词。但我可以辩解说，它的发音与"hammer（锤子）"押韵，

---

[1] 本段加粗的三个词语都是 ground，可译为地面，也可以译为阻止。

而没人会把锤子拼成"hammar"。

✦

我好奇螃蟹会不会觉得人类走起路来很怪异。

✦

虽然我的狗很小，但它走路的速度是我的 10 倍，我猜是因为它有 4 条腿，是我的两倍。这样的话，蜈蚣会不会比狗快 10 亿倍？我以前见过蜈蚣，它们看起来并不快。除非我每次看见它们的时候，它们都累坏了。也许它们跑得太快了，快得你连看都看不见，这就是为什么你从来没有看到过快跑的蜈蚣，因为它们只有在大喘气的时候才能被我们看见。这也许就是为什么它们看起来那么诡异。因为我们其实都心知肚明——它们跑得比光还快。也许雷声就是蜈蚣跑得太快产生的音爆。我很想向哪位科学家请教一下，但我又担心他们会把我的理论偷拿去申请科学基金。科学家们，咱们五五分成吧。

✦

我问维克托，狗便便和人便便，必须让他碰的话，他会选哪个。他让我继续睡觉，但我坚称这是个好问题。你可能会选狗便便，因为不知道为什么，狗便便看起来不如人便便那么恶心。但确切来说，我们应该更习惯人便便，因为如果你运气好的话，你每天都能碰到人便便。维克托听了说："首先，为什么你每天都会碰到人便便？而且为什么碰到它是运气好？其次，**你赶紧去洗手，而且从此以后别再碰我了。**"我解释说，我的意思是，拉便便的时候我们是在用屁眼碰它，如果你每天都能大便的话，那你运气很好。然后他说，"拉便便"和"碰便便"可不一样。但我特别确信，因为没人在大便的时候身体是不碰便便的。否则，这就成了一个空中楼阁式的概念。他说你的大便"碰"了你，但你没"碰"它啊。但我可不同意。我提议我们俩干脆各退一步，只要他同意他碰了便便，他的便便也碰了他就行。但是他说他不同意，而且他要求我再也别凌晨两点把他叫醒进行与便便有关的讨论了。行吧，我知道了，只不过我们的争论还没结束，所以说这个问题特别好，应该放进约会网站作情侣配对。维克托说，没人会去上一个问你是否碰过便便或者便便是否碰过你的约会网站。但是说实话，这个问题能帮你筛掉那些逃避问题的人，留下的就是愿意在凌晨两点和你讨论问题的人，而这正是维系你20年的婚姻所需要的忍耐力和创造力。

这就是我记下的最近33次窘迫的公共场合里我对陌生人说过的最可怕的话。维克托怀有一个愚蠢的奢望，他觉得我那些尴尬的、杂乱无章的、毫无逻辑的推理总会有缺货的一天，如果真是这样，我也能安慰自己，因为在那一天到来之前，我还会有其他破事添加到这份清单上。这是当作家为数不多的好处之一。这不是挺好的嘛，即使是最难堪的时刻也能成为有趣的素材。这些素材在某些情况下可能会在法庭上对我不利，所以我想这也并不全是好事。但有时当我说起这些荒唐话时，可能有人会说：**"我也是！对阴部假发和真实食人族特感兴趣。"**于是突然间，你就有了一个新知己。反正晚宴上的其他人肯定总能找到什么共同的理由翻起白眼，集体不就是这么建立起来的吗？我可清楚了！

塞缪尔·杰克逊想杀了我

我已经崩溃很久了。我的意思是说，比我平时崩溃得更严重些。我不确定我这样到底有多久了，因为我对我的记忆力没什么信心。有 6 个月了吧……也许更久。崩溃的不仅是我的脑子，还有我的身体，就好像它俩在比赛谁能最先杀了我。我不会给这场比赛下注的。不管押哪边我都是个输。

拥有一个想要置你于死地的身体非常麻烦，举个例子：有一些小的自身免疫性疾病不断累积，接着再争先恐后地崩坏，突然之间，你身体里的一切都开始互相攻击，因为身体认为它在攻击一个异物或一种怪异的新型传染病，但我就是这个传染病啊。我没办法让我的身体休战，因为它不听我的话，所以我不得已吃了一些药片，打了一些针，它们有毒，对身体也不好，但是总比让我的身体就这么把我给杀了要好。就像是朝自己的脚开一枪。这样你的身体会忙着修复枪伤，而不是继续毁掉你所有的关节，让你把血流干。

你可以试着想象一下。我正盯着那些住在我身体里的瞎眼卫士，他们正疯狂攻击着我身上所有重要的部位。我大喊："住手！我需要它！"他们回答道："长官，我听不见你在说什么。我正忙着干掉这些恶龙呢！"我说："可那些是把我的身体连在一起的关节！"他们回答说："好吧，但其实它们是恶龙。这具身躯里满是这样的恶龙，还有蛇。这些该死的蛇是被谁放进这个身体里的？"我的瞎眼卫士都是自命不凡而乐于说教的男人，说起来有点儿像塞缪尔·杰克逊[1]。于是我大喊道："我的天哪，你冷静一点儿。你是闲不住非要干仗吗？那让我给你点儿由头吧。"于是我刺伤了自己的腿。这样我身体里那些愚蠢的卫士就会说："哈！我检测到了失血。我们早就说了吧，你的体内有蛇，还有恶龙。"但至少他们会把注意力集中在刀伤上，暂时消停一点儿。

但是他们有时并不会消停下来，这还挺经常的，因为我有很多自身免疫性疾病，所以即使其中一个暂时消停了，其他的也可能突然发作。有一些病发作起来让我晕头转向，这意味着我不能写作或工作，有时连那些非常简单的事情，比如起床、走一走、阅读或者看一部电影，我都没办法做到。这些病通常还会引发一些其他的病，是那种大家公认的"真正的"病，因为它们的症

---

[1]　好莱坞男星，代表作《低俗小说》。其中有经典一幕，杰克逊高声念了一段《圣经》，后举枪开始屠杀。

状比自身免疫性疾病更为明显。就好比上个月，我得了轻度肺炎。还有一次我胃炎发作，严重到我被送进了急诊室。这些病很严重，也很可怕，但它们会慢慢康复，不像我的自身免疫性疾病们，它们会一直跟着我直到我死，或者是到科学终于可以将它们治愈。所以当一个不了解这些的人告诉我说，他们很高兴看到我的身体好些了（因为他们看到我不再咳得像是要把肺给咳出来，但其他人得同一种病不过会流点儿鼻涕），那是因为他们看不到我头上的浓雾并未消散，我的骨头正痛得钻心，他们也看不到我变形的关节、血液中的毒素，或是我在筋疲力尽之时无奈地躺在地板上，因为我没有足够的力气让自己坐到沙发上去。我眼睁睁地看着写作的机会从我身边溜走；我看到一个个截止日期逼近，逾期，而后再像饿鬼一样牢牢锁在我的背上；我看到家人对我的担心与关心，但也（所有人都是这样的）对我一直精疲力竭的状态感到疲惫。我是懂得的。但我也厌倦了。他们看着我一次又一次问着同样的问题，因为我不记得我问过。当我与他们谈论一件我已经告诉过他们大概一百万次的事情时，他们会问我是不是在开玩笑。我不是在开玩笑，但我们仍然会大笑，因为笑声是抵御痛苦最好的方式。要知道，痛苦不应该被掩饰或隐藏。如果硬是要掩饰起那些或愤怒，或痛苦，或忧虑的黑洞，我们恐怕都会陷入困境的。

两周前，我在最新一轮的体检中查出了许多新问题，但主要的问题如下：

1. 睾丸酮缺乏。这真是个好消息，因为睾丸酮缺乏会导致抑郁、焦虑、疲惫和脑子不清楚，看这描述基本上就是我本人了，所以如果睾丸酮缺乏能治好的话，说不定我就能奇迹般地治愈了，但是我已经两周没有打电话去催我的药了，药房一直跟我说很快就到货了，但我还没能强硬地要求他们把药给我。这可能是因为我缺睾丸酮吧。这就好比我没能去拿治疗注意力缺陷障碍的药，因为我忘了。这就是为什么我需要一个管家专门照顾我吃药。

2. 糖尿病前期。这似乎有点儿奇怪，因为"糖尿病前期"好像是说你没有糖尿病，所以这看起来应该是件好事，但显然不是。这说明我必须在接下来的几个月里坚持低碳水化合物、低糖饮食。*

还有，上次我去看医生时，她在教另一个女人采用同样的节食法，我说："这是一种奇怪的节食方法。培根你可以随便吃，伏特加你可以随便喝，但就是不能吃胡萝卜。"我的医生说："那个……这真不是我教你的节食法。"我反驳说："你明确地说不能吃胡萝卜。"她说："是的，但我想纠正的不是胡萝卜……"接着，她开始谈论心脏问题，但我没接着听下去，因为基本上每次她一讲话，我都会得一种新病。

另外，对于那些和我一样进行低碳水化合物、低糖饮食的人，我来给一个有益的提示吧：在杂货店买一些烤好的整鸡，因为它们很好吃。当你手撕一只烤鸡的时候，你可以想象你是一个巨人，你撕开的正是那个让你进行低碳水化合物节食的人的身躯。另外，用生菜叶子包鹰嘴豆泥＝稍微能填肚子的东西＝有史以来最令人伤感的卷饼。我打算再这么节食一两个月，但之后我觉得我不可能再坚持下去了，因为面包是那么美味，而且我节食期间喝的所有伏特加可能会让我过于健康。

饮食列表里列出的不让我吃的东西和现在我每天吃的东西一模一样，所以我问医生："我到底能吃什么？磨砂玻璃吗？因为这是唯一没被列在清单里的东西。"我的医生说："肉，你需要更多的肉。肉对你的健康有好处。"但我不这么认为，因为我是肉做的，而且我一直无意识地想要把自己给杀了。但接着她加了一句："瘦肉。"于是我开始咆哮，因为我已经饿了，很想吃一块土豆泥三明治，而且我认为医生刚刚这么说是想暗示我胖。所以现在我吃肉，吃蔬菜，还得吃下我的情绪。我已经瘦了 7 磅，但根据我过去的运气，这很可能是我的瞎眼卫士——塞缪尔·杰克逊们"帮我"把我身体里什么重要的器官当作狂躁的松鼠给除掉了。

3. 各种贫血症。 包括恶性贫血，我敢肯定这个词是雷蒙·斯尼奇[1]发明的。贫血症会引发各种各样的问题，包括让我严重缺乏活着必需的多种维生素，所以基本上我 30 页的体检报告上写

---

[1]　很少有疾病的学名中含有"恶性"这个词，因此作者联想到了擅长写不幸故事的雷蒙·斯尼奇（笔名），他写了著名的《雷蒙·斯尼奇的不幸历险》（*A series of Unfortunate Events*），但直译为《一系列不幸的事件》，讲述三个善良孤儿的悲惨遭遇。

的都是一个意思："婊子，你身体上上下下都坏透了。"简单来说，贫血就是我无缘无故地丢了很多血，这有点儿道理，因为我一直都在无缘无故地丢东西。但是如果我把我的血放错地方了，我肯定会记得的，或者至少维克托会冲我大喊大叫，因为我把我的血到处乱放，就像他把几十个喝了一半的水杯在屋子里到处乱放一样。"失踪的血液"听起来有点儿瘆人，和"失踪的时间"一样让人不安，但是后者一般是因为我被外星人绑架了，所以至少你还能得到一个合理的解释。

导致我这么贫血、疲惫和多病的原因可能有很多。有些原因很简单，有些很可怕，但我自己更倾向于是因为阁楼里有吸血鬼。这不仅可以解释我的失血，也可以解释我有时在深夜听到的来自楼上的沙沙声。维克托说是屋顶上的松鼠，但是松鼠要我的血干吗，维克托？他是有史以来最差劲的侦探。而且，吸血鬼跟着我也是有原因的，因为几个月前在我拒绝付钱的时候可能冒犯了他们。

这里有个小插曲。我得解释，最近"吸血鬼兄弟会"联系了我，他们用蹩脚的英语告诉我，我应该给他们寄钱从而获得永生。我确实已经看出来这是一个电信诈骗，但这是一个非常有创意的诈骗。我觉得我没法儿拒绝他们，所以我立即与他们展开了交谈。

亲爱的吸血鬼阁下：

我现在还不是吸血鬼，但我喜欢这个关于永生的想法。不过，在永生之前，我想变瘦一点儿。还是我会像《暮光之城》里那样一旦永生就自动变瘦？对了，我还是个纯素食主义者。这会不会是个问题啊？

拥抱。

欢迎你加入我们的大家庭。但是在我们开始之前，你必须填写一张表格并发送给我一张你的照片，这样我就可以把它传给至高无上的主了。我等待上述表格，然后我们才能开始你的入会申请，让你成为吸血鬼兄弟会的成员。

保罗大师

谢谢您迅速的回复！我仍然对成为吸血鬼非常感兴趣，但我有点儿忧心这个协会的名字——**吸血鬼兄弟会**。我是个淑女，因此我没有成为"兄弟"所必需的器官。我也是一个女权主义者，所以我对这个完全由男性组成的吸血鬼社会感到很担忧。是不是即使在来世我也要面临父权的压迫？我们可以做得比这更好，不是吗？如果您不介意我是个女生，而且也愿意把组织的名字改成一个不那么19世纪的名字的话，请告知我。比方说**与吸血鬼共舞**？您来决定吧。

拥抱。

在这个兄弟会里我们有一个女性成员，而且兄弟会的名字一向如此，我们无法改变。把这一切作为你自己的秘密，从恐惧中脱身吧。你不太可能会死。现在，我们将处理你的入会申请，你将成为正式会员。

保罗大师

"你不太可能会死。"

我很困惑。我不太可能会死，是因为我很快就会变成吸血鬼，所以我不会死吗？或者，您说我不太可能会死指的是您不会真的把我变成一个吸血鬼？我以前可是被灼伤过的。（不是吸血鬼那种。）

我的意思是，你将照你自己的意愿离开地球[1]，因为你将获得永生。

保罗大师

我会想离开地球？可我住在这儿啊。我不可能成为一个太空吸血鬼。我连护照都没有。还有，既然我入会了，我能让我的狗也变成吸血鬼吗？因为我可不想过上没有"小炸肉排"的永生生活，它是低致敏性犬，所以它能成为一只伟大的吸血鬼狗。它是一只很小的狗，住在我的手提包里，因为我的公寓禁止房客养狗。我解释说，如果狗的爪子从不接触地面的话，就不能说我的公寓里住着狗。但我的房东不同意我的观点，不过这一切在"小炸肉排"变成吸血鬼狗之后都将变得毫无意义，因为谁会把一只吸血鬼狗踢出公寓呢？没有人，这就是答案。所以把它变成吸血鬼狗至关重要。

哦！还有一件事。我的前男友布拉德·丁勒曼不能变成吸血鬼。在我发现他劈腿了我最好的朋友之前，我就已经把吸血鬼的事情告诉他了，他可能会联系您申请加入，但我**不想**在未来的永生里再碰到布拉德·丁勒曼了。相信我，我也是在帮您的忙。这家伙真是个浑蛋。还有，他还说过："我肯定比你先成为吸血鬼，因为我已经有一个用珠宝装饰的真丝领带了。"我还

---

[1] 大师本意是想写 "live on earth"（在地球上生活），但实际上写的是 "leave on earth"。作者看出了这个拼写错误。

嘴说:"我想你把吸血鬼和吉利根岛的富人[1]弄混了。"但他坚持这么说,所以您能解决这个争论吗?吸血鬼们没有着装规范,对吧?除了斗篷,我猜。我喜欢斗篷。我可以像莱伯雷斯一样摇摆斗篷。只是,如果您收到了布拉德·丁勒曼的申请,请把它归类到**绝不接收**里,然后您就可以庆幸您躲过了一颗子弹。我只是打个比方,我是说,您是永生的,所以您其实不会受子弹的影响。

除非您被子弹绊倒了,我猜?

如果不想被子弹绊倒,那除非您在成为吸血鬼后能飞起来,而且永远不会掉下去。**哦,等等**。这就是为什么您说我会离开地球吗?我会飘在空中那种吗?

哦,天哪,我太想加入你们的组织了。

吸血鬼阁下回复了这封邮件,但回复的内容是一片空白,我猜他是在用这封邮件表达一种震惊的沉默,但随后他这样回复:

如果你准备加入,那么你必须支付吸血鬼血的费用,是150美元。

保罗大师

收到您的消息我很欣慰!我以为我以前和布拉德·丁勒曼的关系把您给吓跑了。但我可以向您保证,只要他清理走我冰箱里那些鹰尸(他是个猎人),我就再也不会见他了。那家伙毁了**一切**。

---

[1] 指美国20世纪60年代的电视剧《吉利根岛》里的巨富角色——瑟斯顿·豪威尔三世,在剧中他被称为"百万富翁"。该电视剧已经成为美国文化的一部分。

我有个很小的问题，就是150美元的血袋足够让我和"小炸肉排"永生吗？还是我必须为它单独点一袋狗狗专用血？它是一只非常小的狗（如果不包括它的珠宝和头饰的话它只有三磅重），如果我给它太多血的话，我会担心它喝过头了。虽然我猜如果喝了太多的吸血鬼血，你只不过会更加不朽？我很抱歉。我相信您曾反复被问到这些问题。

拥抱。

24个小时过去了，我没有得到任何回答，所以我再次主动出击。

我有一段时间没有您的消息了，现在我很担心布拉德已经找到了您，并跟您说我和我的狗都不会成为好吸血鬼。那个浑蛋不可信任。您可以问任何和我一起在苹果蜂连锁餐厅工作的女孩，也可以去问他健身房里的绝大多数女孩。另外，我怀疑我支持女权主义的立场给您留下的印象不佳，因为您很坚决地不想把名字改得不那么有父权意味，但我个人认为这是一个重塑品牌的绝佳机会。附上我提议的组织新标志。

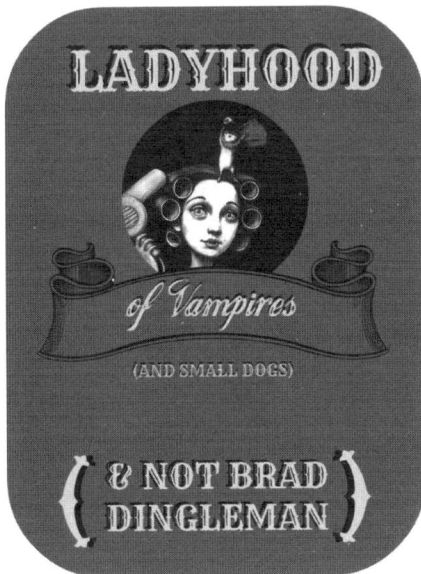

很不错，对吧？这就是我能为团队带来的高档

次营销。布拉德提供不了这么高深的东西。他发短信都离不开表情符号，上周他给通讯录里的每个人都发了一张他那玩意儿的照片。包括他的母亲。还有我的母亲。您可能也收到了一张。他是个白痴。

不管怎么说，我和"小炸肉排"都快饿死了，所以请快把血袋送过来。最好是货到付款，因为我有点儿担心这是个诈骗，所以我想先验货。

拥抱。

伯爵夫人和暗黑"小炸肉排"
（就是想试试这个落款，还挺不错的，是吧？）

然后这个吸血鬼就再也没回复过我，所以我就去做了回卧底，想看看我能不能假扮成一个男人来弄到点儿血。

我假扮的男人就是布拉德·丁勒曼。

嘿，我准备好当吸血鬼了。来找我吧。

布拉德·丁勒曼

PS.（oYo）＝奶子。哈哈哈哈哈哈哈哈哈。

真的是出人意料，保罗大师和那个父权吸血鬼社会都围着布拉德·丁勒曼转，几分钟之内就给了他一个答复，不仅向他提供永生，价钱还比我和"小炸肉排"要便宜10美元！不用说，我一点儿也不为对吸血鬼保罗进行钓鱼执法感到难过，我再也没有给他发过电子邮件。

这就是为什么你不能相信吸血鬼，这也可能是为什么他们会偷走我所有的血，以及为什么我那么贫血。你忘了我们刚才说的就是这个吗？我们刚才的确在谈论这些，我完全理解你为什么忘了，因为我的脑子也是一团糟。可能是因为阁楼上有吸血鬼。

不过，我的医生坚决站在"这可能不是吸血鬼"阵营，他认为可能是出血性溃疡，但他们需要进一步确定，所以下周他们会把我麻醉，然后把一个照相机从我的鼻子一直送到我的肠子里去。接着，他们还会沿着我的屁屁管道往上塞一个照相机，一直塞到之前那个照相机停下来的位置。就像是个什么不着调的绕河乘船游览一样，事情变得越来越不对劲。

真希望它们是两个不同的照相机，或者至少医生们能把它洗干净。我猜它们可能是一次性照相机，这样就好了，那我就不必担心会有一个塞进过上千个屁眼的照相机被塞进我的鼻子，但我怀疑不管怎样，我的瞎眼卫士们都会看到它，然后说："哈哈，**看吧，告诉过你这里有蛇。现在这些蛇还在度假，带着自拍杆，像一群该死的游客一样拍照。**"在某种程度上他们是对的，我打算去问医生能不能把照片拷贝给我一份，这样我就有了有史以来最引人深思的＃素颜＃我醒来就这样的 Instagram 照片。我还想问他们会不会同时做两种内窥镜，因为如果是的话，那我在这几秒钟里可就实打实地成了肉串，想到我在过去 6 个月里也没做成什么事，所以我至少还能把这加在我的简历上："作家，插画师，幽默作家，肉串。"**

　　有时候我能从所有这些事里找到笑点，却并不能改变一个事实，那就是，我担心抑郁症一旦发作就会永远赖着不走……这就是一切的结局。我会一直等到第二天，到那时候我才有力量去搞笑，去讲道理，去洗澡。我知道我以前也有过这样的时期，所以我明白我最终会没事的。我会走出来的。但问题是，不管是康复期还是疾病期的任何时期，抑郁症永远与我如影随形。而且它满口谎言，告诉你你一文不值，告诉你生活从来就没有好过，告诉你你是这个世界的累赘，而且情况只会变得更糟。

　　这可能不是真的。这不是真的。第一句话是我的感觉。第二句话则是我的理智。但即便理智上明白这一点，当你身处其中时，感觉就像是现实。这就是为什么在你睡着时噩梦是那样的真实，即使当你醒来时觉得它们是多么的可笑。你会问自己怎么会害怕那些长着你妈妈的头的巨大狗子呢，它们对你穷追不舍，让你掉入满是流沙和火的沼泽地。但在梦里，那些可怕的人头狗是你对现实的全部认知。然后等你更清醒一点儿的时候，就会发现你梦中的妈妈是电视主持人凯西·李·吉福德，这是怎么回事？我的脑子你闹够了没？抑郁症就像这样……能让你妈妈的脸变成凯西·李·吉福德的，长在一只巨大又凶残的沼泽小狗头上。如果你没有抑郁症，这个比喻可能会让你感到困惑，但如果你有抑郁症，你可能会指着这一页书说："**该死的，就是这么回事，女人！干得漂亮！**"我可能会在变成肉串的时候对医生说这句话，因为很显然那时候我脑子肯定是一片云雾。上次我脑子这么不清楚的时候，我还以为是小矮妖们要抓我呢，所以谁知道我会说些什么呢。也许我会在网上直播这一盛况。

我试着往好的方面想。如果我还在人力资源部工作的话，我现在肯定就得宣告残疾了，但因为我在家工作，我就可以根据我的身体和精神状况来调整我的时间表。我仍然负担得起昂贵的药物和医生的账单，还有很多人付不起。我很幸运。我可能会病得更重。我可能已经死了。

我可能已经死了。

我把这句话写了两次是因为我带了两种不同的情绪。一种是我对自己仍然还活着抱有感激，另一种则是更阴险、更可怕的想法，因为我意识到如果我真的死了，我就能休息一会儿了。这想法真是糟透了。我明白。一有这个想法，我就得把它赶走，因为我知道这是抑郁症，但我不在这里撒谎，所以我把它写了下来。

昨晚，我和维克托坐在星空下，他用尽浑身解数来为我打气。他提醒我，我们有账单要付，我还欠出版商一本书，我们不能只靠他的薪水过日子，但这没什么用，因为恐惧可以激励他，却让我寸步难行，然后我哭得乱七八糟的。维克托看起来很害怕，也很困惑，他说："我做错了什么？我只是想帮帮你。"这是真的。但让我害怕的并不是他刚说的话，而是他几分钟前说的话，当时我在担心那些病都会再次攻陷我，担心也许内窥镜会发现一些不好的东西，担心下一轮崩溃又要开始了。我没能好好解释给他听，甚至根本没做解释，因为我的大脑罢工了，而且我也没法儿恰如其分地及时插上话。我安慰自己说，如果他们真的发现了什么，至少我还有人寿保险，这样维克托和海莉还能从中得到些许安慰。维克托疑惑地看着我说："你没有人寿保险"。就好像我应该知道这件事，但我没有，我很震惊，因为这似乎是他会处理好的事情。然后他说："你知道这件事的。记得吗？我有人寿保险，但你没有。我们千方百计地想为你投保，但你坚持要告诉他们你所有的问题，所以没能获批。记得吗？"

我不记得。但我相信他。这听起来一定发生过。也许当我的身体恢复正常，所有这些失去的记忆就都会回来。也许不会。不管怎样，这都是一个打击，很明显我以前已经被它打击过了。甚至我以前可能还写过这件事，但我忘了。我没有人寿保险是因为我是个"危险分子"，这看起来有点儿可笑，就好像维克托没有死亡的危险一样。他肯定会死的。我们都会死的。我是说，也许你们中的一些人是吸血鬼，但对我们大多数人来说，即使是最健康的人也没多大可能会永生。我想我和维克托之间唯一的区别是，我更有可能在卖保险给我们的人死之前死掉，而且其他人很可能都会在那个人死之后才死，所以这些人的死对他来说不是现实。这就像是老年人眼中的全球变暖。他们可能认为全球变暖确有其事，但他们知道自己是活不到北极熊入侵和火山肆虐的那一天的（我不知道全球变暖是怎么回事），所以他们继续用喷雾瓶纵火或是做其他什么老年人为了好玩而做的危险事（我不知道老年人是怎么回事）。简单来说，我就像全球变暖，但是速度更快，涉及的北极熊也更少。（我不知道好的类比是怎么回事。）

话说回来，人寿保险公司甚至应该给我打个折，因为如果我早逝，那我认识的每个人都会看到我的家人用上了我的人寿保险，因为我会让他们穿上特制的衬衫，上面写着"珍妮·罗森去世了，我得到了这件破烂衬衫。哦，还有一辆车和一笔大学基金。因为有人寿保险，他们可不是浑蛋"。葬礼上的每个人都会说："哇，人寿保险真是太棒了。我们买点儿吧！"最后每个人都能获利。这将是个很不错的转变，因为最近我感觉自己失去的比得到的要多。

但我会继续活下去的。我会继续战斗下去。我会继续原谅自己生而为人的缺点，如果我写不出一个有趣的章节，那我就会写一个像这样的章节。一个可能有点儿可悲，可能除了我之外其他人都不会理解，但仍然是无比真实的章节。就像我一样。

在我们走回屋里之前，维克托拥抱了我，让我平静下来，逗我发笑，这让我的眼泪重回了眼眶。

"我是个危险分子。"我叹了口气，表示接受。

他沉默了一会儿。

"你是个危险分子，"他同意道，一边点头一边抬头望着星空，"但我愿意冒这份险。"

呼吸着夜晚的空气时，我想到了过去的挣扎、荣耀、悲伤和庆祝，还有未来的神秘。

我说："我也是。"

事实就是如此。

◇

*这种医生强制进行的低碳水化合物、低糖饮食我已经坚持一个月了，好消息是我瘦了12磅，而其他任何与吃低碳水化合物/低糖有关的事情都糟透了。减掉12磅让我感觉不错，但我还得再减一些，我有点儿怀疑我之所以感觉没原来那么糟糕，是因为我少了这12磅去感受负能量，但如果按照这个逻辑去想的话，我可能会在死亡6个月后感觉最好。

**我是一条吞下自己尾巴的蛇。我还对蛇过敏。另外，内窥镜的数据已经传回来了，医生说："你的身体上上下下都糟透了，但我们仍然不知道你的血去哪儿了。你的胃看起来很恶心，而且你还有胃溃疡。"大概是因为这些测试的压力吧。长话短说，我的身体想杀了我，所以我想要把我的身体换掉，或者改造成半机械都可以，我不是个挑剔的人。

狗是怎么知道它们有那玩意儿的？

昨天我看着我的蝴蝶犬，多萝西·巴克，她当时在撒尿。我突然想到，公狗会抬起一条腿来撒尿，母狗却是蹲下解决的，它们是怎么知道该选哪一种动作的？我给五个不同的人发了同一条短信，就是想问："狗是怎么知道它们有阴茎的？"他们中的三个人（可以理解）无视了我。一个人说："哦，我没听说过这个。狗怎么会知道它们有阴茎呢？"就好像这是个不够搞笑的笑话，而不是一个很重要的问题。第五个人是我妹妹，她的回复让我重新燃起了对人性的希望。

我：狗是怎么知道它们有阴茎的？

丽莎：天哪。是啊，它们是怎么知道自己有阴茎的？它们没有手，而且你想想它们眼睛的位置，它们是看不见自己生殖器的，因为视线会被挡住。现在我的脑子开始疼了。

我：对吧？比方说，公狗是怎么知道要抬腿，而母狗则会蹲下来的？

丽莎：它们为什么要这么做？不管公母都蹲下来撒尿不是更说得通吗？单腿抬起会让它们失去平衡的。也许这是一件只要做到就可以证明自己是"酷男人"的事？也许它们想把自己的阴茎向其它狗炫耀，就像那些引诱鱼儿上钩的闪光灯似的？**但不会有人想看狗的阴茎呀！**

我：我们上次养的那条狗就常常抬腿撒尿，它笨手笨脚，总是摔得四脚朝天，尿在自己身上，像一个毛茸茸的小醉汉。蹲着撒尿才说得通啊。我敢打赌如果公狗有拇指的话，它们会一直给我们发阴茎（dick）照片。

我的手机试图把这个词改成"鸭子（duck）照片"。

但老实说，我的手机可能是对的。它们也会给我们发鸭子照片。狗爱死鸭子了。

丽莎：我认为它们发阴茎照片并不是因为粗鲁。它们只是想说："你看到这个了吗？这是最令人震惊的东西。就在这儿。让我抬起腿给你瞧瞧。"狗：诱鱼闪光灯鼻祖。

我：是的，如果是那样的话的确就不算有侵略性了。它们甚至不知道那是阴茎吧。它们可能在说："嘿，你看到这个了吗？真奇怪，对吧？让我们一起去追松鼠吧！"

丽莎：邦波有一半的时间尿在它前腿上，而且经常出其不意地就摔倒了。你知道熊狸的尿闻起来像热黄油爆米花，所以它们故意把尿撒在脚上吗？那个"世界真奇妙"播客说的，这是因为熊狸们想把自己的气味散播到周围，但我敢打赌它们真的很喜欢爆米花。

我：什么是熊狸，我为什么现在很嫉妒它们的尿？

丽莎：我想我们应该要求那个播客做一集关于狗是如何知道它们有阴茎的节目。快去听，搜索"热黄油　爆米花……尿？！"然后你去听那集"就贴在这儿吧，鼻涕虫！"因为我了解你，你经常把自己割伤，而你的身体对缝针过敏。他们发现鼻涕虫的黏液可以制成一种极好的医用黏合剂，可能不是院子里的那种鼻涕虫。也许就是。但你应该试试看。这是科学。

我：一想到那个味道我就绝不会去试的。你当时在那儿吗？在奶奶家的时候，我不小心把口袋里的一只蜗牛压死了，难闻得让我吐在了灌木丛里。我不得不在她的水槽里把衣服洗了，衣服上的靛蓝染料弄得我满身都是，让我看起来像是刚谋杀了一只蓝精灵。

丽莎：听起来有点儿耳熟。对于一些人来说，他们会把这件事当作记忆里的高光时刻。但在我的脑子里，这只是另一个"那一次珍妮做了件蠢事"而已。不过你对蜗牛的防备做得挺好的。你没再犯同样的错。

我：我刚刚搜索了"熊狸　热黄油　尿"，现在我不得不删除我在互联网的历史记录了。

丽莎：哦，就好像这是你这周搜索过最糟糕的事了。我一直认为博林格高中的吉祥物熊狸是神话里才存在的生物，但显然不是。他们应该把吉祥物人偶的脚浸上融化了的黄油，然后里面用爆米花塞满，这样才能合理地描绘出真正的熊狸。不仅如此，吉祥物人偶里面的孩子就能有点儿零食吃了。

我：现在我想来点儿黄油爆米花了。还想有一只宠物熊狸。它就像是个活的香包，还会吃掉你家里所有的虫子。我不用再付钱请人杀虫了。这笔生意我们还能赚点儿钱。

丽莎：除了你的猫会在熊狸的小便上撒尿，那样它们的尿就会混合在一起，然后你就会在每个角落里都能闻到热黄油味的猫尿。

我：听起来不太吸引我了。维基百科说熊狸"好奇，很聪明，但非常易怒"。维克托如果是一只动物的话，用这句话描述他刚刚好。

丽莎：好像你需要再来一个似的。它只会抱怨噪声。

我：维克托还是熊狸？

丽莎：都是。

我：维克托说我不能养熊狸，因为"不，别再问了。而且它们也濒临灭绝"。**这正是一个熊狸才会说出来的话嘛。**

丽莎：也许熊狸和维克托可以互相安慰。给他买一个熊狸作为圣诞节礼物吧。我不知道它们有多大（吉祥物熊狸有人那么大，但我打赌这肯定和实际情况有出入。因为我在高中时扮过吉祥物鹰，但我从没见过有比我高的鹰），如果它小时候和猫差不多大，那你就可以把它放进他的长袜里。如果是圣诞老人送的话，他就没办法退货了。

我：它们当然会濒临灭绝啊，维克托。**每个人都想要一个。**它们都藏在比我们家更好闻的房子里。这就是为什么我们没法儿拥有美好的东西。因为维克托讨厌熊狸。

丽莎：他怎么知道这么多关于熊狸的事？！

我：也许他以前是只熊狸，一个巫婆诅咒了他让他变成了人。就像是《美女与野兽》的反向故事。我得去闻闻他的尿是什么味儿。

丽莎：告诉他演员杰夫·高布伦[1]有好几只熊狸。

我：是吗？

丽莎：我是说，可能吧。我想这样说的话会让维克托嫉妒，然后他就会想要一只。

我：最新消息，维克托说他不在乎杰夫·高布伦养了多少只熊狸，也不让我去闻他的尿味。

丽莎：很明显他是在隐瞒什么。都 20 年了，你应该注意到他的尿的味道了吧。

我：我真的应该多注意一下。

丽莎：现在我们得想办法打破诅咒。熊狸吃什么？也给他吃点儿，到时候我们就知道了。如果是碾碎的蜗牛，那这就可以解释为什么他会被你吸引。你身上可能还带着那种味道。

我：杰夫·高布伦、狗对阴茎的自我意识、热黄油味的尿、

---

[1]　百老汇演员，曾出演《侏罗纪公园》。

破除诅咒，我们今天的对话充满了真理。

丽莎：如果有更多的人来问我们更多的事情，世界将会……好吧，也可能会更加令人困惑。

我：好吧，你说熊狸吃虫子。但我从来没见过维克托吃蜘蛛，也许是因为我从来没有把蜘蛛装盘。没有盘子的话那个人就什么都不吃。好像他连水槽里的东西都没吃过。**水槽只是个大号的盘子**，维克托！

丽莎：如果你是在水槽排污口那儿吃东西的话，那你就真的是特别特别井井有条啊。他们说洁净近乎神性，所以在水槽里吃饭算得上是一种宗教体验。

我：维克托讨厌耶稣、熊狸和幸福。

丽莎：这我早就知道了。

我：哦！但这可以作为我下一本书的书名。

丽莎：我不觉得你会很受基督徒读者的欢迎，但比这古怪的事情也不是没有发生过。

我：我已经冒犯了那些容易生气的基督徒了。但是那些平和的基督徒还是很能接受我的。我是说，他们会为我祈祷，但他们也被我逗乐了。

我刚问了维克托想不想去那家提供法国蜗牛的餐厅，他说想。法国蜗牛只不过是上过大学的、自命不凡的蜗牛，对吧？老实说，就像他内心的熊狸在乞求我的帮助。

丽莎：所以，毫无疑问，他是只熊狸。

我：我怎样才能打破诅咒？让一只熊狸爱上他吗？即使他是一个愤怒的人类。我可不想让一个熊狸婊子用她美味的尿液来勾引我的丈夫。

丽莎：显然，熊狸不太善于交际（这解释了它们为什么濒临灭绝），所以他可能只是不想让你再去买一只，因为那样会很尴尬。

我：或许他不想为了打破诅咒而去爱上一只熊狸，因为他爱我。

丽莎：是这样的。这么想真的很浪漫。

我：啊，维克托。这件事的确只有熊狸才做得出来啊。

丽莎：所以出于善意，你就别养熊狸了吧，但你要在他的袜子里塞满蜗牛。

我：我应该给他一个装满蜘蛛的大盘子作为惊喜。因为那样的话他就会知道我已经发现了他的秘密，而且我很感激他的牺牲。一大盘蜘蛛作为感谢。这是多么现代的浪漫主义啊！或者是一种后现代浪漫（Postmodern Romance）。

丽莎：后现代浪漫主义（PoMoRo）。我想你刚刚为所有的书店都发明了一种新的流派。你会因为首次提出这个概念而流芳千古。单单是读一下这个词都能让我很开心。就像一本时髦的书。我真是为之倾倒。

我：这很有道理，因为现代艺术有点儿令人费解，但当你看到后现代艺术，你就会说："等等，这里发生了什么狗屁事？**而这完全就是我和维克托生活的写照。**"

丽莎：天哪，你说得对。你就是 PoMoRo。

我：这个词乍一看有点儿像"色情片（porno）"。PoMoRoPorno。这个绕口令对你来说太难了。

丽莎：《那个很难的绕口令》，是有史以来第一本 PoMoRoPorno 书的名字。

我：但连锁书店可能不会专门为它开辟一个专区。

丽莎：接下来请欣赏一段 PoMoRoPorno 朗诵。

我：总有一天 PoMoRoPorno 的雕像会被建造出来的。是不准孩子们看的那种，显而易见。

丽莎：雕像小点儿也行。尺寸大小不是最重要的。

我：在 PoMoRoPorno 里不重要。

丽莎：这就像后现代艺术一样，它让人很困惑，但最终你会明白的。（对了，这座雕像的名字就叫《最终你会明白的》。）

我：维克托说，会有很多人抗议我们的。他们会高喊："**不，不，不**！别再说什么 POMOROPORNO 了！"

丽莎：句子可真拗口！（对了，这将是第二本书的名字。）

我：我们来击个掌。

丽莎：阿门。

这些俗语遗漏了很多真理

最近（这段时间我的脑子比平时更加混乱）一个朋友寄给了我一本书，里面写满了被认为能够鼓舞人心的小短语和俗语。它们也的确是这么回事。我把它们通读了一遍，并迅速补上了作者遗漏的部分。

那些俗语总是有点儿混乱。比方说，人们告诉你要"抓住公牛的角把它带走[1]"，但这是为什么呢？它是一头公牛。你要把它带去哪里？如果你硬要把它带到某个地方，我敢肯定你不会拽着它的角。面对公牛的首要法则就是避开它的角。它们不是自行车车把。它们是用来开膛的。任何告诉你要"抓住公牛角"的人可能都是想以一种非常懒惰的方式谋杀你，而且认为你是个白痴。不妨让他们也去"抓公牛角"吧。然后去抓眼镜蛇的毒牙。

---

[1]　Take the bull by the horns，指当遇到公牛袭击时，应该迎向公牛握住它的双角，与其对峙并将它制服。引申义为"不畏艰险"。

去抓查尔斯·曼森[1]的阴囊。你还活着呢？好吧。那就成加仑地吞食毒药吧。带上一群疯狗和烤面包机一起在浴缸里泡澡吧。说真的，看到这儿你怎么还能接着读下去？你以为这是《拉斯普金》[2]吗？

尽管如此，我认为真正去分析和修正这些俗语是件好事，因为生活没那么简单，也很难因为一些鼓舞人心的文字就能得到改变。它是复杂的，也很艰难，有时甚至还很可笑。倒是和我最终总结出来的真理很像。所以我在这本书上潦草地加上了我的总结，当我写完后我把这本书拿给另一个朋友看，她当时恰好在被生活毒打，然后她说："这是至今为止对我帮助最大的书。"我开始为书里的写写画画而道歉，但她说："不，恰恰是你写的东西让我感觉好多了。没有人在痛苦的时候想听到'戴上一张笑脸'这种话，但是你在这句后面加上'让这张脸变成那个劈腿你最好朋友的男人的脸。戴上他的脸到处走上一走。也许你还可以戴着这张脸在凌晨两点出现在你前最好朋友的窗外。这只是一个建议。'看到时，我疯狂点头表示赞同。"

很高兴我不是唯一一个认为这本书需要再添上点儿内容的人，所以我决定在这里和大家分享一些。那些书里的俗语是粗体的。剩下的是我的补充。可能我完全没必要做这个说明。

[1] 美国著名邪教组织"曼森家族"的创始人、领导人和连环杀手。
[2] 格里戈里·拉斯普金是俄罗斯神秘主义者，自称圣人，与俄罗斯末代皇帝尼古拉二世交往密切，以邪恶与癫狂著称。《拉斯普金》是围绕其展开的电影。

相信你的梦

除非那个梦里你陷入了流沙，而你三年级的老师是一个怪物，拿着你依然不懂的乘法表对你穷追猛打。什么破梦！

只做你内心告诉你的事

但实际上那些你认为是心脏告诉你的事都是你的大脑告诉你的。你的心脏不能思考。所以基本上是你的大脑假装成你的心脏来操纵你。所以，也许"做你内心告诉你的事"时，要确保你的大脑知道你发现了这不过是大鼻子情圣[1]式的狗屁。

生活就像骑自行车

骑自行车很难，还让你出一身汗，而且是对你的生殖器的摧残。还有，你会摔倒很多次。

朋友无处不在

蚂蚁也无处不在。好好注意你脚下，别踩到它们。

从哪儿来的不重要，重要的是去哪儿

你试试把这句话说给杂货店的保安听，尤其是在你偷了一堆金枪鱼去喂那些住在商场垃圾箱后面的流浪猫时。（我是猫的

---

[1] 大鼻子情圣是 1897 年戏剧《圣赛拉诺·德贝拉斯》的主人翁，因为有一个丑陋的大鼻子而不敢直接表明爱意，反而为情敌代写情书，促成了两人的婚事，直到死前才吐露心声，艾德蒙德·罗斯坦德根据真人真事创造。

罗宾汉，但可能比罗宾汉背的罪名稍微多一点儿。）

如果你的船没来，游出去迎接它

但是，如果这是你的船，为什么你还没上船它就跑到海里去了？你是没把它系好吗？你要确定那是你的船，不然这就是海盗行为了，是不被允许的。我的意思是，现如今你连偷个鱼给猫吃都免不了要去坐牢。

把每天当作生命的最后一天去过

但还是别这么干吧，因为它听起来糟透了。就像是在枪口前撒欢儿。如果有人告诉我，我会在今夜死去，那我肯定会哭一整天。让我们慢点儿来吧。要不这样，把每天当作星期六去过，即使现在是星期三下午。

乐观点儿：把杯子看成半满的

除非半满的是毒药或者猫尿。尽管说实话，喝半杯猫尿总比把整杯喝完要好。除非你先喝了一半，因为你不知道它是什么。我认为重点是我们需要小一点儿的杯子，而且你不应该喝不是自己倒的东西。

生命中最值得紧紧抓住的就是彼此

或者遥控器，或者手机，我总是找不着它们。但我几乎从来不会找不着某个人，因为我可以给他们打电话，然后问他们："你在哪里？还有，你看见我的遥控器了吗？"除非我丢了手机。然后我就不得不尖叫，直到有人用他们的手机给我打电话，这样我才能找到我的手机。所以我想把彼此紧紧抓住也挺好的，以免你想要找到你的手机。

即使破产也要做你喜欢做的事

例外：赌博、海洛因、嫖娼、酒精和剩下的绝大多数有趣的事情。

向高处瞄准

因为你射向敌人的飞镖会往下掉，这你得提前考虑到，还得考虑风向。

你能飞

但这只是打个比方而已。你真的不能飞。我不在乎你刚刚吞了多少迷幻药。从屋顶上下来，白痴。

世界就是你的牡蛎 [1]

它很难打开，而且如果你用的刀不对，它还会把你割伤。而

---

[1] 你可以像打开牡蛎的壳一样去探索未知的世界。牡蛎的比喻来自莎士比亚的戏剧《温莎的风流妇人》。

且，它比我预想的要更黏滑，但有时你能发现珠宝。除非这个俗语的意思是你是珍珠，而世界就是包裹着你的牡蛎？这倒是挺有道理的，因为准确说来珍珠就是通过弄疼牡蛎长成的，这倒是一个描述人类如何生存于这个世界的好比喻。

我的蜡烛两头都在烧

火灾就是这么发生的。而且，你把蜡滴得到处都是。蜡烛根本不是这么用的。你到底在做什么？

什么时候放弃都嫌太早

除非我们说的是吸烟。或者把所有的钱都拿去买彩票。或者是成为一个连环杀手。要不就跳过这一条俗语吧。我需要更多信息。

别回头看

除非你要变换车道。这样的话回头看就真的很重要。也许这句话应该改成"别做那个没回头看就擅自改变车道的浑蛋"。还有，记得打转向灯。

四月的阵雨带来五月的花

还有山洪暴发，还有蚊子，还有疟疾，但确实会有花的，所以这句话没错，我不确定。

如果风不起作用，就去划桨

呵呵，如果想让风筝飞起来，没有任何东西比得过一把好桨，对吧？

把桥烧掉之前，先造一艘船

或者最好是用这桥去造一艘船。否则你就是在浪费木材。然后向所有需要过河的人收费。哈哈！你现在可以开展轮渡服务了。

每个男人身体里都藏着一个孩子

也许不是每个男人，除了那个吃了小孩儿的男人。离那个男人远点儿。他似乎很危险。

你可以移动山峦

但老实说，你为什么要这么做？其实你能用这些时间做点儿更有意义的事。像是学会编织或者其他什么的。凯文，山在那儿挺好的。我可不想非得买张新地图。

跟随你的心

但这只是个比喻，因为你在哪儿，你的心就在哪儿。所以严格来说，你即使整天坐着什么也不干，你也在跟随着你的心。但是把这一句记住挺好的，因为每当你丈夫问你：**"你难道整天都在看猫的视频吗？"** 你就可以回答说："不，我一直跟随着我的心。千真万确。浑蛋。"

致健康保险公司的公开信

有时候我觉得你想让我死。

但真相也并非完全如此。你只是不想让我活下去而已。

对啊，你干吗想让我活下去？保险公司说会在你生病最严重的时候帮你，这怎么可能不是个骗局？毕竟，你是要赚钱的，而我是要活下去的。看起来这两件事有时候是完全互斥的。

我第一次以为你想让我死是几十年前的事了。我的抗抑郁药不在保险范围内。这事发生在我丈夫发现我在自杀论坛上乱逛而不得不将我的网断掉的时候，而在那之前我刚刚被批准服用一款让我不会再想自杀的药物——就是你拒绝为我付钱的那个。我那次申诉很明显是因为这里有什么误会，接着你给我写信说："我们决定不为您支付这笔费用，是因为我们认为您没有必要用这种药物进行治疗。"我认为这是一个残酷的玩笑，但当我打电话给你时，你说这是个误会，你冲我反复道歉让我有点儿心疼你。接着你帮我再次申诉，说这次会通过的，然后它真的通过了。我当时很感激你帮我弄到了我需要的药物，尽管我必须为此越过太多的关卡。

其他那些你让我失望的时刻我已经记不全了，它们已经混成了一团。这就是脑子和身体时不时会崩溃的坏处……你总是有一堆理由拒绝。拒绝接受我需要的药物治疗。拒绝相信我已经递交了申诉和相关文件，直到我一次又一次地证明我真的交了。你不停地给我寄保险账单，拒绝向我的医生承认你的存在，还说我没有参保，尽管我这辈子从来没有忘记过任何一次续费。你还让我必须得和催债人打交道，尽管你在电话里说你不知道为什么每次系统显示的都是"未参保"，还责怪说是医生输错了，但你从来没想办法把这个问题彻底解决。

我们之间的关系越来越糟，但我并不吃惊。这是充满虐待的、不正常的亲密关系的通病。就是因为你，我这么多年来才一直饱受类风湿性关节炎的折磨。我那时照你说的做了，只吃你批准我吃的药，你说没必要的药我就不吃。直到我搬了家，找了个新医生，我才从她那儿知道，我完全可以不那么受罪……她还说我没理由不用新药去缓解病情。她说这话的时候我哭了，因为好像不按你说的做就是错的。但不是这么回事。多年后的今天，我的病情缓解了。用的是一种直到现在你还没法儿给我全额报销的药物。一种你有时连一分钱都不愿意出的药。你跟我说，你不会为我报销，除非我搭配着吃另一种会让我犯恶心的药。我的医生说你去把那个多余的药也一并拿上，然后再把它扔掉吧。有时候，撒谎是必要的。这是我从你身上学到的。我看着我完全不需要的药瓶慢慢堆积起来，我在想会不会还有一个女孩，她需要这些被我浪费了的药但是你就是不给她付钱。真是那样的话就太疯狂了，是吧？就跟你从来没为我报销过我吃了好多年的抗抑郁药一样疯狂。

当你第一次说我不需要抗抑郁药的时候，我以为我们之间有什么误会，因为你以前对它没什么意见。我们一直相安无事，直到我的药被换成了非专利药[1]，接着我就精神崩溃了一次。据说在这一版本的非专利药里，药物的释放机制有所不同，所以对一些服药者来说很成问题。幸运的是，我的心理医生很快就发现了，让我把药换回了原厂品牌。但是突然之间，你觉得让我吃上这种能让我远离自杀的药是"在医疗上没有必要的"。我申诉申诉再申诉，我的医生也给你写了信，发了表格，说明了我的特殊情况，都证明了你不应该不给我报销。最后你终于让步了。花费了这么久还是值得的，我想，直到我去拿药，却发现我一个月要付几百美元。

"但你跟我说过它可以报销。"我对你说。

"哦，是的，"你解释道，"但你得付罚款，因为有非专利药你却不用。"这罚款甚至比药还贵。我还是付了钱。至少这个花费可以用来累计我的免赔额。但是 6 个月后，你觉得罚款还不够，于是你决定我每年买抗抑郁药的上千美元不能再用来累计我

[1] 非专利药是没有申请专利或者专利已经失去效力的药品。文中指的是药品非原厂出品，而是另一个品牌借鉴相同技术制造的，由于制造商不同导致在药效上可能会有区别。

的免赔额了。我当时哭了。在这样一个毫无保障的系统中，我感到无助。

申诉又开始了，我觉得对我的家人和我的心理医生来说，我就是一个负担。我的心理医生一次又一次（又一次！）地填表格，说明我的特殊情况，还写信。你却经常在电话里把事情说到死胡同里去，搞得连她的助手都不想再和你打交道了。他们甚至都不会接待你，你知道吗？他们不欢迎你。现在，我看心理医生都是自己用现金付的。买抗抑郁药也是自己付的。当药剂师在收费机上敲价格的时候，他们总是会犹豫一会儿然后说："这个价钱不可能是对的。这种药标价不会超过250美元。"这是"对"的，我向他们保证。但是，我真正想用的词并不是"对"。我说："我来之前就知道是这个数了。"然后他们就明白了，但这情形反而更让我难过。

有一次，当我抱怨你又拒绝我时（我们已经决定不再报销复合药[1]了），你告诉我，我应该换一个更符合我需求、更好的保险计划。然后你在系统里找我的名字，结果发现我已经买了你最贵的保险计划。你曾经送过我一支笔作为感谢。就是用这支笔，我写了几千美元的支票来支付那些被你"忽略"了的东西。

但你不是真的"忽略"，对吧？因为你很清楚你在做什么。你知道我的就诊史。你对我过去接受过的私人医疗了如指掌。现在你从我的医生那里收到了一份文件，上面写着一个能让我活下

---

[1] 由同类别的药物组成的制剂，例如复合维生素 B 片，由多种维生素 B 复合而成。

去的治疗计划，而你却认为他们错了。

　　我不是唯一一个这样被你对待的人。你让成千上万的人孤立无援，绝望，得不到治疗。你杀死了我们所爱的人，不管是出于"忽视"还是"漠不关心"。你不承认仁慈、痛苦和人性的存在。我的遭遇和别人更糟的处境相比根本不值一提，我和你之间的这类问题随处可见。而这才是让人觉得更糟糕的事情。

　　在某些方面，我是幸运的。现在我还有钱，可以不过你安排的生活。我还能去看不在你报销范围的医生。我还能自费买那些我需要的药。不过，不是所有药我都能自费。你已经成功让我放弃了一些自费药，但我仍然能负担得起最基础的药物，尽管它们的价格一点儿也不"基础"。这让我不安和忧虑，因为总有一天我将付不起你的巨额保费，也没办法从口袋里掏出数千美元支付我活下去所需的基本治疗。

　　这让人失望和愤怒，但这还不是最糟糕的部分。最糟糕的是，你的话竟然和我的精神疾病告诉我的可怕谎言如出一辙，狡猾至极。

　　"你真的不需要那个药。"

　　"不要胡思乱想了。"

　　"它太贵了。"

　　"它不会起作用的。"

　　"这就是在浪费钱。"

　　当你抑郁的时候，反抗这些谎言是很难的。如果你的保险公司也说着同样的话，那就更难了。

当你抑郁时，承认你需要帮助并去寻求治疗是最艰难的事情之一。我们精疲力竭，憎恨自己，不想在自己身上花费时间和金钱，但我们还是坚持下去了。苦苦挣扎的人是我们。然后我们发现，你唯一愿意报销的那个医生未来两个月都没法儿给我们看病。或者是那个制订了治疗计划、给我们带来一丝希望的医生被你否决了，被你这个从未见过我的人，从未见过我痛苦的人。你不会为将要因此殒命的人哀悼。你告诉我，那个我千辛万苦找到的疗法做了也没用。你对我们中的很多人都这么说。可悲的是，有些人真的信了。他们中的许多人现在已经谈不了这件事了，因为他们已经没了声音。所以我要为他们说话。

　　上个月情况变得更糟了。我越来越害怕。我担心要是哪天我再也付不起心理医生的门诊费和我的药费时，我该怎么办。我还担心抗抑郁药会带来的副作用。我的医生建议我做一个可能会对我有帮助的治疗。我研究了一下，它对大多数患者的效果不错，还让超过 30% 的病人的抑郁症得到了缓解。虽然这种治疗并不轻松，还得连着做好几个月，但好处是它是无创的，且没有副作用。可是它很贵。我的医生，还有那个在心理中心提供这一治疗的医生，都认为它简直是为我量身定制的。结果你不同意，但我一点儿也不觉得奇怪。你阻止了我的治疗，还不让我申诉。你说我只是需要更多的药物……我需要把剂量增加到最大，就是那个已经让我产生失眠、性功能障碍、疲劳和其他各种各样副作用的药。**那个你甚至都不愿意报销的药。**如果它不起作用，我应该去尝试另一种药物，也加到最大剂量。可能就是我吃过的 5 种药中的某一种吧。你竟然拒绝支付这个毫无副作用的治疗。哪怕是其中一小部分。医生们都很惊讶。

我真希望我能说我也很惊讶。

你说你把我的利益放在心上。竟然连骗人都这么拙劣。这让我觉得很尴尬，我也替你尴尬。

我想知道如果我用同样的话术来对付你会怎么样。"我已经收到你的保险费账单了，但我的结论是，这笔钱用在你身上不合适。我决定，要支付这笔账就必须用一袋袋石头直接堆到你的睾丸上。你可以通过尖叫和拿头撞墙来申诉，直到你申诉不动了。然后你就把这封信再读一遍，因为我根本没听你在申诉什么。"也许我真会这么试试看。也许吧。

我只知道你在帮倒忙。你是障碍——治疗的障碍。更糟糕的是，你加剧了我的健康问题。如果我今天要自杀，我会首先怪我那崩溃了的脑子，接下来我就会怪你。你在谋杀我。你在羞辱我。你是我们这些人健康和幸福的绊脚石。你一边赚你的钱，一边踩在我们的背上告诉我们，我们根本不需要那些让我们继续活下去的东西。

但我还活着。即使你还在。我会用这口气继续活下去，我也会提醒自己，我值得拥有幸福、健康和生命，而且你是个可怕的骗子。我要鼓起你在我心中种下的愤怒，并用它告诉其他人，让他们知道你不可信任。因为这世上必须得有人为病人的利益考虑。

而你肯定没这么做。

我再也不出门了

今天我在家门口的人行道上看到了这个臭虫／蠕虫／蛆，它看起来又畸形又恐怖，如果它有剧毒的话，我应该弄死它。如果它是益虫，那我就应该带回家好好养着，但我完全判断不了。当我蹲在地上盯着它看的时候，我的邻居突然出现了，说："碎根专家？"

我当时就在想，这就是为什么我不跟人闲聊！但我没大声说出来，因为我想如果我一直蹲在那儿，低着头，他就会走开的。但显然我不该忽略我的邻居，因为他并没有走开，反而接着又说了一句："碎根专家？"这次他的声音更大了，就好像我之前没听到他的话一样，显然他希望我能欣然接受这一提议。我立刻意识到他是不会走开的。而且如果他这么做是想向我求爱的话，那他搭讪的技巧可真是太糟糕了。因为首先，我没有根可以被磨碎，我也不想去磨碎他或任何其他人的根。坦白讲，我不知道为什么有人会故意磨碎奇怪的东西，比如从他们菊花里漏出来的便便。但还没等我做出什么得体的回应，他就在那只臭虫／蠕虫／蛆旁边蹲下来说："是的，真是个碎根专家。"

我想知道"真是个碎根专家"是不是一句俚语，表达的意思是"那真是个令人头痛的东西"或者"你为什么在车道上和蛆聊天"。坦白说，这个问题没什么不妥，因为它确实看起来像一只巨大的蛆（只不过多了些小脚），而我首先想到的是它可能是一种只能从尸体里孵化出来的蛆（因为我听了太多讲述真实犯罪案件的播客），我也许应该去草坪上好好搜寻一下有没有尸体，因为相比起来，一只不明身份的虫子以及／或者一个不得体的邻居要求我碎根完全不值得我操心。

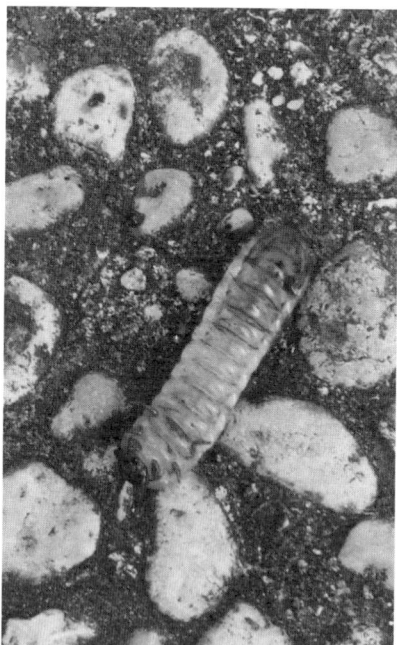

我突然想到，如果这真的是一只尸体蛆，那我的邻居就会认为我是什么连环杀手。就在那一刻，我意识到我必须得说点儿什么，因为我们陷入尴尬的沉默已经好一会儿了。这让我更加恐慌，该说点儿什么才好呢，你从来没说过话的邻居想和你畅谈碎根的事，而你面前的虫子暗示着你是个杀人魔王？我愿意这么去想，尴尬的沉默表明我是一个普通人，一个不知道什么是尸体蛆或是碎根的普通人。但我担心他可能会把我的沉默当成对罪行的默认（罪行就是我收集尸体成癖，或者是我碎根的本事大得出名）。但他只是清了好几次嗓子，所以我抬起头说："它好像在做仰卧起坐。"

因为它真的在做。

如果你不相信，我有录下来的视频为证。这只虫子背贴地，肚子朝天，像 20 世纪 80 年代的简·方达[1]一样，做着小幅度的仰卧起坐，只差穿上一条"为什么领口开得那么低"的紧身连体裤了。不过，这只虫子没有后腿，所以它应该穿不了，它可能只能穿双小小的暖腿长袜吧。当我的邻居向我迫近时，这些想法都在我的脑子里打转，他脸上的表情好像在说："我真不应该走过来，而且我也不知道该怎么给自己解围。"我完全理解他，但我也有点儿生气，因为他才是始作俑者，是他冲着我喊"碎根"的。

我又一次后悔在我们刚搬过来的时候没把我写的群发信寄给街区里的每户人家。在信里我写了我很高兴见到他们，如果他们有逃离煤气泄漏或火灾的需求，可以来我这儿，但除此之外，我更喜欢假装自己是个隐形人，因为 1）社交焦虑；2）我很确定只有精神变态才会和邻居说话。维克托不让我把信放在邻居们的

---

[1] 美国著名女演员，社会活动家，曾在 20 世纪 80 年代录制了一系列健美操教学视频，风靡一时。

门口，因为他说，给陌生人写信让他们假装我是个隐形人，这才更像是精神变态会做出来的事吧。我解释说，精神变态根本就不在乎谁会跟他们说话，仅凭这一点就可以证明我不是精神变态。我们最终决定不再争论这件事，但现在我忍不住想，如果这个邻居收到了这封信，那我们就不会卡在这个谁也逃不出去的对话里了。我默默在脑子里做了个笔记：再也别听维克托的话了，因为他就没对过。

"我觉得……看起来像是这么回事，对吧？"我的邻居问，有那么一瞬间我以为他会读心术所以看穿了我在想什么，但后来我意识到他在回应我的机智观察：一只虫子正百无聊赖地做着仰卧起坐。"真是一个碎根专家。"

然后我就放弃抵抗了，我问："这是句俚语吗？因为我必须得说，这句话我从来没听过。"他惊讶地盯着我看了一会儿，说："嗯……不？你看到的幼虫，它叫作碎根专家。"我看着他的样子一定是满脸狐疑，因为他接着非常结结巴巴地说："鬼话，比利女巫，斯纳特勒格？"他瞪着我，"斯潘比特尔？"我说："你刚才是在对我施咒吗？"

他解释说，这些词都是这种生物的别名。"它们靠背部爬行，吃根茎和叶子。我猜在南方你们用另外一个名字叫它，涂鸦虫？"就在那一刻，我意识到这家伙是个疯子，因为涂鸦虫是那种灰色的虫子，它们能卷成一个看起来很干枯的小球，像犰狳一样，大小和纸杯蛋糕上的彩色糖霜差不多，但我面前的虫子是白色的，湿漉漉的，和我的中脚趾一般大，还长着一个可怕的、好像会咬人的红色脑袋，我很确定它一定是撒旦的杰作。当我这么解释的时候，他说我描述的是"药片虫"，于是我即刻判定，我们是永远成不了朋友的，因为我能接受那些把涂鸦虫叫作"鼠妇"的人，但是那些把它们叫成"药片虫"或"木虱"（木头虱子？）的人基本上都是精神变态。（维克托不同意，但他对精神变态的观点一向不足为信。）

不管怎样，我发现自己进入了尴尬对话的第二阶段，即从尴尬的沉默发展到我说了一大串无法吞回肚子里的话。"如果它老是蜷成一团，移动完全靠躺着做仰卧起坐，那为什么他们会叫它碎根专家？真要说起来的话，它做的事情完全和碎根背道而驰！我的意思是，那些趴在地上爬行的普通虫子可能真的总是在摩擦自己的命根子，但这家伙故意翻过身爬，那它的下面就压根儿碰不着人行道了。"我说。邻居盯着我，好像我疯了一样。所以我接着说："除非它那玩应儿长在了背上？你是想这么说吗？这只虫子真的在背上长了阴茎吗？或者你是想说之所以它的名字里有'根'是因为它长得很像阴茎？因为我觉得科学不该这样做。虽然我以前遇到这种事的时候也特别惊讶。**哦，天啊，还是说这只虫子的全身都是阴茎？**"

他盯着我看了一会儿，然后耸耸肩说："它就叫这个名字。我不认为它的名字和那玩应儿有什么关系。"然后我觉得我好蠢，竟然把阴茎带到谈话里。然后他做了"那件事"：假装听到电话铃响，非常迅速地走开。我松了一口气，谈话终于结束了，但我也很确定我再也不会和他说话了。

维克托出来了，因为他听到了有人在说话，他问："你在看什么？"我当时还蹲在那只蠕虫／臭虫旁边，我解释说："显然这是一只压根专家。"维克托看起来吓坏了说："**什么鬼东西？**"我这才意识到我把名字给记错了，所以我接着说："不是不是，等等，一只碎根……砸男专家？命根子……打孔专家？见鬼。我不记得了。反正是一种对那玩意儿来说很粗暴的东西。是邻居过来告诉我的，我们刚刚的会面非常尴尬，这都是因为你不让我给他们写信，告诉他们不要和我说话。"他说："再说一遍。根本听不懂。"但我没办法再说一遍，因为我快累**死了**。

但我接着去查了"白色 六腿 蠕虫 长着红脑袋"，维基百科告诉我，这可能是一种欧洲的"cockchafer（金龟子）"，所以我的邻居完全没弄错。有那么一会儿，我觉得刚才理解错了的原因是邻居说这个词的时候把 cock 和 chafer 分开发音了，但 cockchafer 是一个单词。于是我上了在线剑桥字典，上面有英式和美式的发音，展示美式发音的是一个声音低沉的男人，他念的"cockchafer"听起来好像有什么坏事马上要发生。而为英式发音的则是一个听起来非常有格调的英国女士，虽然她说的是同一个词，但不知道为什么听起来更高贵一些。这有点儿不可思议，然后我就继续点击那两个发音按钮，听起来就像是一对愤怒的夫妇在开展一场恐怖的、不断重复的骂战，直到维克托走出办公室，低声冲我吼说他正在电话会议，但这很难，因为我们家听起来像是有一群愤怒的国际暴徒在不断尖叫着"cockchafer"。然后我开始解释说其实只有两个人，但其实他根本不想听什么解释，就在那一刻，我意识到那个小小的金龟子毁了维克托的下午。但接着我想也许这就是它名字的由来。

也有可能不是，但感觉挺合适的。

PS：这一章中我用了太多指代"生殖器"的词，所以我在网上问有没有什么性别中立的词来代替"下体"，接着我就在十分钟内得到了三百条回复，而且没有一个人问我为什么要这么问。这就是我大爱互联网的原因。事实上，那两个冲着彼此大喊"cockchafer"的精致的字典机器人就住在那儿。我跟你们讲，互联网真是个仙境。

我们为了让怪物安静下来做的事情

我不想自杀。

这是我大声说出来的话。是我相信的话。是我想去相信的话。

我有自杀的危险。

这是我知道的事情。是藏在医生诊断书字里行间的事情。是潜伏在我家里却从没被说出口的事情。

因为精神疾病而自杀是自私的，这句话说起来很容易。是的，是挺自私的。但不是你想的那样。自私的不是那个找了条捷径让自己摆脱痛苦的人。自私的是疾病本身，它偷走了你的精气神，只留下可怕的谎言；它扭曲了真实的逻辑，这样你就看不到那些理性而又真实的东西了。抑郁症对你谎话连篇。在你神志正常、稳定或平衡的时候，你能辨认出这些谎言，但你处于抑郁的深渊时，谎言似乎是那么真实。当我深陷那里的时候，我会提醒自己，我的大脑在说谎，等我康复后我就会充分意识到这一点。

而事实证明我提醒得没错。等我一走出抑郁，我就会问我自己，为什么我之前竟然会怀疑"有人需要我"。我是值得被爱的，即使在我崩溃的时候。我为自己记笔记，提醒未来的我，现在，就在这一刻，我很好，很高兴，可以去庆祝我的胜利，因为昨天那些让我信以为真的谎言没有打倒我。我写这篇文章是因为我知道很快我的情绪会再次低落，那些消极的想法又会入侵，战斗会再次一触即发。和一个想杀死你自己的大脑和平共处真的很难。这不是我的错。这不是我家人的错。对外面的世界来说，这场战争甚至都不存在。但是它真的存在。无形的东西可以是真实存在的，而且它们才是最阴险的，因为它们常常让你相信它们并不存在。所以我在和一个生活在我体内的无形怪物战斗。到目前为止，我还是赢的。精神疾病的污名化正在改变，我得到了支持，我得到了药物和治疗，还得到了很多人没法儿拥有的环境和特权。我很幸运。有了运气和努力，我将幸免于最有可能毁灭我的东西：

我自己。

今年年初，我就待在那个黑暗的地方，一个我经常去的地方，但通常我待了一些日子就会回来。有时候时间会更长。这一次有几个月。我没能度过黑暗的日子，没能等到太阳出来，而是一直深陷抑郁。每个月都只有那么几天，我难得地从抑郁里出来一次，感觉自己终于又可以呼吸了。然后又陷入了让人不适的抑郁麻木之中。

我会去睡觉，但不知道醒来时我是会继续抑郁还是恢复"正常"，当我感觉正常的时候，我真的嫉妒其他人：那些与人相处时不会感到精疲力竭的人；或者是那些能够集中精力完成某些简单项目的人；或者是那些每年不用花数千美元购买药物的人，这些药有时候有效，有时候无效；那些不用与侵入性想法、焦虑还有自杀的念头搏斗的人；那些不用徒劳地想让自己的大脑在晚上停下来、在早上重启的人。

去年，我把我能做的事情都做了一遍。我做了大量的血液检查，每天服用 32 粒药丸治疗所有的维生素缺乏症、贫血和那些可以治疗的生理失调。我吃低碳水饮食，并且不再吃面筋。我 9 个月没喝酒。我瘦了 50 磅，开始散步和游泳。但这还不够。

几年前，我的心理医生告诉我，我挺适合去做重复性经颅磁刺激（transcranial magnetic stimulation，TMS）治疗的。这个名字听起来就很可怕，所以我像个正常人一样无视了她。几年了，她一直鼓励我去试试看。下面是她给我的解释（但我肯定会说错点儿什么，因为我抑郁的时候大脑没法儿正常工作，所以别怪我）：

当你抑郁时，你大脑的某些区域就会停止正常工作。它们变暗了。你是真的可以在核磁共振图像上看到的。当你焦虑的时候，你大脑的另一个区域就会发疯，超负荷工作。然后，被焦虑支配的那部分大脑就会劫持你大脑里其他已经不工作的区域，这就造就了像我这样的人——难治性抑郁症患者。

TMS将电磁脉冲通过你的头骨发送到你大脑的特定区域，刺激那些不好好工作的部分，就好像是对你的脑组织进行一次理疗。还有一种方法就是把它用在过度活跃的区域上，这可能会将焦虑缓解到正常水平。

听起来像魔术，如果魔术指的是需要花费数千美元，在你的头上戴一块磁铁，让你感觉就像啄木鸟在你的头骨上钻洞，一天40分钟，持续6~8周的话。魔术不是这么起作用的。但是有超过一半的难治性抑郁症患者得到了改善，并且有大约三分之一的人症状完全缓解。

我甚至无法想象症状完全缓解会是什么感觉，但我想如果我愿意让一只看不见的鸟在我的大脑里钻上几个月的洞，那这起码说明了我真的很需要帮助。我花了一个月的时间研究它，为了证明我的确非常适合接受这项治疗，我去做了咨询、写了文书还接受了面试。最后，附近一家精神疾病中心收治了我。而我也已经准备好了。

顺带着稍微抱怨一下吧：之后我又斗争了一个月才让我的保险公司付钱，这才是接受治疗的最大障碍。这真没道理。没有心理健康计划，就没有心理治疗、药物和家属服务，你就斗不过严重的精神疾病。但我们就是依赖着健康计划继续活下去的——从我们自己手里拯救我们自己。我们的家人也需要它们才能来帮助我们，也让我们不至于伤害这个世界。但实际上，寻求帮助一直以来都是（并将继续是）我一生中所做过的最困难、最没有回报、最让人羞愧、最无休无止的事情。

这很困难。所以你选择放弃。你放弃努力争取治疗。有时候你会完全放弃所有的治疗。有时候你会放弃活下去。

我、我的医生还有 TMS 的工作人员一起努力，一遍又一遍地申诉，向我的保险公司开战。我最终给他们写了封信。就是两章前的那一封信。然后我的申诉就通过了。我不知道为什么。也许他们只是放弃了和我缠斗吧。如果能哭我会哭的，但我已经太麻木了。接受这个治疗的钱我还是得自费一多半，但它有效。

我很幸运。我有人支持，我有保险，我的声音能被人听到，我还有钱去支付保险公司不给我报销的药物和治疗。但是那些没有这些东西的人呢？我们让他们失望了。我们让自己失望了。他们可能是我们的孩子，是我们的同事，是我们的父母，是街上无家可归的人，是和你孩子结婚的男孩，是救你一命的女孩。他们还可以是和我交谈过的保险职员，他们告诉我他们也面临着同样的问题。他们就是我们。

如果你亲历过这些破事，而且你还活着，我得向你致敬。这样的情况很艰难，很尴尬，让我很生气。你应该被善待。我们都是。抱怨结束。

在治疗过程中，我记了一本日记，因为我的医生说，变化会发生得很缓慢，缓慢得你可能根本注意不到，所以写日记可以帮你发现它们。他是对的。

第1天

我坐进了 TMS 座椅，它看起来像是一张牙医的椅子，只不过还连接着一台电脑和一个可拆卸的半面头盔。医生告诉我，在开始之前，他需要弄清楚"我的拇指在哪里"，我当时就说："你确定你真是个医生吗？因为我的大拇指就长在我的手上，这得是医生必备的 101 条基本知识什么的吧。"其实他们的意思是要在我的大脑里找到控制我拇指的区域，这个过程听起来还挺漫长的，但无所谓了。

他解释说，为了找到那个他们准备用磁铁刺激的区域，他们必须先找到"那个侏儒（homunculus）"，然后再反过来找到控制我拇指的区域，我觉得这是个把戏，因为我玩过《龙与地下城》，我知道侏儒是一种用血魔法召唤出来的会飞和会心灵感应的怪物。

我把手机里的游戏调出来给他看，医生说："天哪，不是。这太可怕了。侏儒图是这样的。"

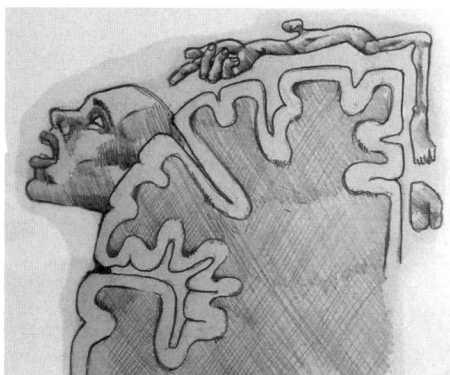

它绝对是史上最糟糕的玩具。

坦白讲，它比会心灵感应、有翅膀的大怪物还要可怕。显然你身体的不同部分和你大脑的特定区域相连接，医生们用这些联系来划分你的大脑。为了找到正确的位置，他们首先让你像搭便车的人一样伸出大拇指，然后不断地用磁铁刺激你的脑袋，直到你的大拇指自己放下来。我把这个过程叫作"逆丰齐[1]化"，但医学院的学生们并没有笑，因为我猜丰齐可能对他们来说还不够酷。

我们很快发现我的大脑根本就不是对称的，我觉得这很奇怪，但是医生解释说："嗯，你的脸都不对称，为什么你的大脑会是对称的呢？"这很有道理，但也有点儿侮辱人，因为我觉得

[1] 美国情景喜剧《欢乐时光》中的虚构人物，他经常骑着摩托车，穿着皮夹克，行事风格随性、反叛不羁。

他就是在说我丑，里外都丑。我回答说："哦，就像我的乳房。"因为我的一个乳房比另一个稍大一些，他说："不好意思。"事后想想，我觉得他可能是想让我再重复一遍，而不是跟我道歉，但当时我只是笑了笑，因为我觉得他真是个好人，竟然深深地同情了我们女人乳房美容的问题。

一找到那个区域，他们就开始了治疗。很难解释为什么一块一动不动的磁铁会让你感觉像是拳头在打你。就像是在你正在冰激凌头痛时有一把无形的凿子在你的脑袋上钻了个洞，而你却还得为此付钱。你的头被夹在虎钳里，你的脸上贴着胶带，你的眼睛不由自主地抽搐，就像你在对着医生、护士和那些盯着你的医学生猛烈地挤眉弄眼。所以你解释说，你并不是想色诱他们，但是你说得太大声了，因为你戴了耳塞，保护耳朵免于钻孔噪音。他们只是鼓励地微笑着，因为他们可能已经习惯了疯子们说些不合时宜的话。离开后，我的头痛持续了10个小时，我暗自怀疑这一切都是一个精心策划的YouTube恶作剧。

第4天

第1天真的很疼，但护士向我保证，我很快就会习惯那种头骨被拳头连续揍的感觉——这是对2018年的一个很棒的隐喻——总的来说，还真是这样，不是我的头骨变厚了，就是我习惯了，因为过了几天，我甚至都忘记我正在做治疗了。有一次我还差点儿睡着，我觉得这很完美，因为我还能趁机小睡一会儿。但是很明显，你的大脑在你睡觉的时候做的事和你醒着的时候不一样，所以你必须得保持清醒治疗才有效果。他们逐渐提升了能量和强度。很快我就开始每天先在右脑做 20 分钟的治疗，每秒钟发射一个磁脉冲（用来治疗焦虑），接着再在左脑做 20 分钟治疗，5 秒钟内发射**一群**磁脉冲，然后间隔 10 秒钟（用来治疗抑郁）。它有点儿像脑部颅骨穿孔术，但其实完全不是。

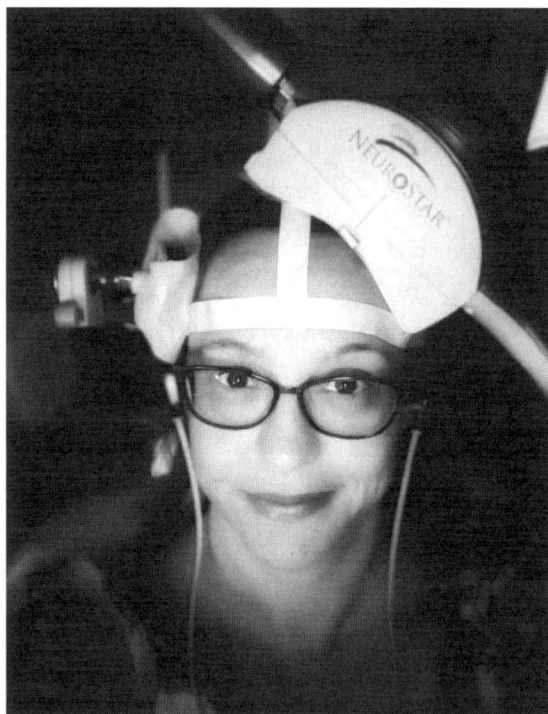

这是一张我正在接受治疗的照片

治疗中他们把你的头放在虎钳里，听起来像是一种折磨。但如果你想象力还行的话，它看起来几乎就像是一顶丝巾头饰，你可以戴去参加未来感十足的皇家太空婚礼。这是我戴过的最贵的帽子。我怀疑如果我继续做这种治疗时间够长，就可以开发出一种万磁王式的超能力，可以帮我找钥匙或是用意念换频道之类的事情。

第7天

做 TMS 治疗的第 7 天，我觉得自己疯了。确实是，因为医生不会每天（除了周末）用磁铁去拳击一个精神健全的人的脑袋。但我想说的是，我觉得我疯了是因为我竟然觉得这个治疗可能真的有用。上个星期我还处在一个完全抑郁的状态，但我竟然迅速（对我来说的迅速）恢复到了"还不错"的状态，到了这个周末我真的感觉棒极了。比方说，我自己想要出门了。我还差点儿就去成了博物馆。这听起来像是件小事，但我向你保证，这对我来说不是小事。

这是我几个月来第一次想要听音乐。我抑郁时总是避免听音乐。在我脆弱的时候，它让我想太多；在我什么也感觉不到的时候，它让我意识到我是多么的麻木。作为代替，我用任何能淹没我思绪的播客填满每一秒的静寂，我用它消磨时间，直到我的脑子恢复正常。所以说，想听音乐是一个信号，一个我甚至都不知道自己一直在等待的信号。

第14天

　　我做完治疗的时候感觉很奇怪，但我说不出来哪儿出问题了。我坐在精神疾病中心的停车场里哭了。你可能会认为这是个坏兆头，但不是。当我抑郁的时候，我是不会哭的。抑郁对我来说是一种情绪的真空，非常痛苦，与世界完全脱节。所以当我在车里大哭的时候，我感到如释重负。然后我为我自己哭了，为那个几乎忘记了作为一个人该有些什么感觉的我哭了。我录下了自己在车里大哭的样子，衣冠不整，凌乱不堪，丑陋至极。因为我需要一个信号，提醒我治疗是有效的，提醒我精神疾病是真实存在的，提醒我为了寻求治愈而努力是值得的，即使治愈只是暂时的。

　　我有过几天黑暗的日子，但我感觉抑郁的程度比最初少了50%。我有一个星期没有失眠，这真是难以置信，因为失眠一直是我全职的虐待狂"玩伴"。我注意到了一些微小的变化：比如我不再在凌晨三点发些可怕的东西到网上了；还有，我终于可以看点儿有趣的片子了。抑郁时我不想看喜剧，因为认知失调让我没法儿在正常人笑的地方笑出来，这会让我觉得自己做人很失败，所以我去看纪录片和恐怖片，它们符合我的心情。这周我又开始看巨蟒剧团的节目了。我笑了，听起来不像是会发生在我身上的事情。但这很好。

　　我仍然没能百分之百地恢复。我还是觉得筋疲力尽。我还是感到脑子里一片迷雾，焦虑不安，黑暗中闪烁的微光仍然只是微光而已，没能变成稳定的光束。那些向好的转变可能都是我的脑子臆想出来的，考虑到我的疯病本来就藏在我脑子里，所以也许真是这样。这也可能是一种安慰剂效应，但我那么多次失败的治疗经验似乎在告诉我不太可能。开始治疗之后不久，我的症状就得到了明显的缓解，这可能是个巧合，也许这些缓解不需要治疗也会发生。我暂时还不知道，而且即使 TMS 真的有效，它也可能不会一辈子都有效，但我执着于那些好的感觉，执着于提醒自己一切都会好起来的，提醒自己能再一次畅快呼吸是多么的美好，实在不必警告自己这样美妙的时刻总有一天会过去。

第20天

　　每天都有幸福被塞进我的脑袋。治疗还是有点儿疼，那块磁铁又钻又敲真的是太响了，我不得不戴上耳塞。我抽搐地挤着眼睛，节奏完全不受我的控制，眼睛也随之湿润了。在开车回家的长路上我的表情会很古怪，我感到我的头骨变畸形了，脸也僵了。但每天我都能感到我又强大了一点儿。不是那种我的精神疾病正在被痛打的感受，而是一种另外的感觉。我感觉到那些脉冲正在往我的脑袋里发射很多美好的东西。我想，我受的罪是值得的。脉冲缓慢地敲击着我的右脑（我的焦虑症待在那儿），每一个脉冲都在向我耳语：**你。会。变。得。更。强。**

而往我左脑（我的抑郁症定居在这儿）疯狂窜入的脉冲们则在说：你会没事的你会没事的你会没事的你会没事的——喘口气——记住要呼吸——。

我的感觉也不一样了。

星期天，我觉得自己看起来几乎是个普通人。尽管我还是很害怕。每向前走一步，我都知道我可能会再退回来，因为疲惫、劳累和焦虑随时可能会将我打回原形。我女儿也知道……她对我迈出的每一步都感到惊讶：好的，我们可以出去吃午饭；好的，我会带你去买条新短裤；好的，我们可以去商场、糖果店、书店；好的，我们可以游泳，听音乐和唱歌；好的，我们可以玩游戏；好的，我读书给你听。

是的……我也很享受。

我一天里做了这么多事情，应该是已经有……我都不记得多久没发生过了。这一天结束的时候，我没觉得筋疲力尽、空虚或者痛苦。我觉得……正常？正常就是这个感觉吗？因为如果是的话，我想要这种正常。

我通常都会纠结一些简单的事情。我需要面对奇怪的选择。去洗澡还是去吃饭？精力有限，你不能两个都要，所以做选择的时候要明智。每做一件事之前，我都得这么过一遍……患有精神疾病就好比是每天醒来都会发现自己残疾了，而且每一天的残疾还都不一样。那些别人能快速完成的日常事项，我却举步维艰。别人几分钟就能处理好的事情，我情况好时得花上几个小时。但今天不是。今天我感觉强大。

出门的时候我没吃赞安诺（Xanax），它是镇定剂。吃药让我感到惭愧，因为镇定是正常人每天都在做的事情。我还觉得愤怒，因为好转来得太容易了。我不应该这么想。我应该感到幸运和安适，但我提醒自己，回来的不仅是幸福，所有的情绪都回来了。这感觉像是在作弊，就好像我是吃了什么禁药，然后我把这些情绪（我忘了它们原来有这么强烈）都偷回来了。也许这就是最好的结果，这意味着我能清楚地知道精神疾病发作时从我身上夺走了什么，也让我知道为了康复奋战有多么重要。即使精神疾病把自己藏起来了，我也知道它是一个永远会让我不寒而栗的怪物。

这个怪物露面时，我害怕这个世界，我害怕我自己，我讨厌那些我看到的可怕的事情，我完全丧失了勇气，甚至都没法儿和人讨论那些在我脑子里打转的新闻。我的医生告诉我说，一直想这些对我没有好处。真是这样，我那些侵入性的、强迫症式的想法让我不停地担心世界上发生的各种可怕事情。医生提醒我，如果我允许恐惧和担心耗尽自己的勇气的话，我的生命也将会被它们吞噬。

我不是个有反抗精神的人。至少现在还不是。我的医生要我从世间寻找美好，因为它是真实存在的，即使它没能被媒体公平地报道。这对精神已经崩溃了的人来说挺好，但我的脑子里却一直在重复："这还不够，我们都是会死的，这世界太糟糕了，而我在助纣为虐。"

但现在，今天，它说的话完全不一样了。它说这世界是个可怕的地方，有时候。到处都是可怕的人，但他们是能向善的。突然之间，我想到在我认识的人当中，那些关心别人、富有同情心、低调或高调地在为他人争取权益的人更多。我知道我并不孤单。我知道独自一人感受这世界的恐怖是多么的可怕。我能看到那么多人为了让世界变得更好而做着细小而美好的事情，这是多么令人振奋啊。我想（好像这是我第一次这么想）如果我是唯一一个感到郁闷或沮丧的人，那我该有多孤独啊。我想到了自己是多么的幸运，围绕在我身边的都是会关心他人的人，他们来自世界各地。他们互相扶持。我想我以前就知道这些了。但是，精神疾病会把"知道"和"相信"变成两种截然不同的东西。而我还要做个深呼吸，我知道一切都会好起来的。

这是一个顿悟，让我如释重负。一切都会好起来的。这世界的确不完美，而且永远也不会完美。但我们现在有问题也没事。我们想变得更好，停下来喘口气也没关系的。去爱，去庆祝，去微笑，去哀悼，去跳舞，去哭，去重新开始。

星期天，我开车，购物，在喧嚣的世界里和真实的人打了交道，我回到家后惊讶地发现我并没有筋疲力尽。我女儿把我们做的这么多事都说给我丈夫听。"妈妈做得真是太好了！"她说。好像我才是那个孩子。这句话让我既快乐又心酸。但我接受这句夸奖。我想一直保持这个状态，但我觉得太难了，就好像你抓着一个你明知道不可能存在的魔法死不放手一样。我的丈夫提到今年夏天去旅行，这么多年来我们一谈到这儿就会开始吵架。我不能旅行。旅行太累了。我会生病的。最终我会坐上一把轮椅，和之前那么多次旅行的结局一样。我会拖他们的后腿，看着他们离开去探寻未知的旅程，我很伤心，但也很欣慰。我错过了很多次旅行。我错过了我女儿第一次去日本。当他们在探索世界的时候，把自己软禁在家里的我只能通过视频聊天看到他们。但我不会错过她第一次去欧洲，因为这也是我第一次去欧洲。

我想维克托一定很惊讶我怎么这么快就说出了："好吧。说真的，我会去的。"他和海莉屏住了呼吸，好像等着我把这句话收回来。我也屏住呼吸。我等着我的身体说："不，这是句玩笑，这不是真的。我去只会给你们添麻烦。"但它没有这么说，至少现在还没。它说："我想去，我想活下去，我已经等得够久了。"它接着说："让我们去看看苏格兰、伦敦和巴黎吧。让我们步行在遥远的岛屿上，去山上探险，去看看那些我想象不出竟然真的存在的东西，因为我从没想过我可能会看到它们。"但是也许，我脑子里有一个声音开始耳语，也许真能呢。

也许。

也许这是真的。也许情况不会永远这么好，但今天真的很棒。如果今天的感受都是真实存在的话，那么可能未来的每一天都能像今天这样，充满了希望、活力与安逸，感觉它们就像是我从哪儿偷来的一样。这让我嫉妒不已，即使我正身在其中。

　　下个月我将完成为期 35 天的治疗焦虑症和抑郁症的 TMS 疗法。为了庆祝（在这儿得敲一下木头[1]），我将去看看我从没觉得我可能会看到的东西。其中一些在遥远的土地上，没错。还有很多既可爱又简单的东西，被世界其他地方的人忽视了。我要带上我的女儿。我会对她说："看，这就是世界。它一直在这儿等你。"

　　我也会这么对自己说。

　　求您了，上帝，让我继续相信吧。

第27天

　　"如果我永远都好不了该怎么办？"

　　在我们在一起的几十年里，我拿这个问题问了维克托很多次。他给的答案都不怎么样，但他尽力了。

　　"如果你好了该怎么办……那时候你会不再需要我了吗？"我从没想过他会问我这个问题。不仅是因为我从没想过自己会痊愈，也是因为这太可笑了，我和他在一起就只是因为我病得太厉害没办法一个人过？事实上，他说这句话的时候我笑了，因为我

---

[1]　用指关节敲打一块木头来给自己带来好运或辟邪，这是一种在很多文化中都存在的迷信。

觉得这是个玩笑。

但这不是个玩笑。这一次竟然反过来了，轮到我向他保证一切都会好的……没有什么能改变我对他的心意，而且我太懒了，和另一个人从头开始相处到心有灵犀真的是太费心力了。我向我的医生提到这段对话，他说他的确看到过这样的情形：一个人已经太过习惯于依赖另一个人，而另一个人则太过习惯于照顾这个人，一旦角色发生转换，真正的问题可能就此产生。如果这段关系本来就不健康，那么这样的改变只会让它变得更糟而不是更好。他教了我一些方法来帮助我们过渡，我又开始害怕我一离开他的办公室就把这一切都忘得干干净净。维克托和我都很坚强，如果真有什么问题，我们会意识到的。我们以前也一起与恶魔搏斗过，我们会再和他们战斗。我的医生点点头。"不管发生什么，我想你都会没事的，"他说，"你是不会白受这些苦的。"

这是我收到的最古怪的赞美。在那些暗无天日的日子里，我把它挂在胸前；当害怕蔓延时，我把它当作盾牌……我害怕情况会变得更糟，也害怕一切会变得更好。我想这就是心怀希望的感觉。

第31天

在治疗的时候，人们会做各种各样的事情来分散自己的注意力。大厅尽头的那个做 TMS 的男人正在自学吉他。那个坐在我前面的女孩在画画。而我会刺绣。

这感觉很应景。当我在用针做刺绣的时候，我的脑袋被磁场刺了上千次。我绣的图案和我祖母的可不一样。我绣了长着章鱼脸的女孩们，大卫·鲍伊，一个华丽的中间写着"FUCK YES"的花束。在那儿你想做什么都可以，只要它是"积极的"。我最近的作品是一只猫，但当你打开猫肚子时，里面还有一只猫。维克托为我的缝合技术所倾倒，但他认为这个被解剖了的猫是个无可救药的作品。我解释说这不是解剖，只不过是猫想抓个肚皮，然后你往猫的里面一看（只是打个比方而已，维克托），你猜怎么着？**特大惊喜！里面还有一只猫。猫中有猫＝双倍可爱。**（除非这是两只猫在做爱，即使如此，"猫中有猫"的说法严格来讲也没错，但没那么可爱了，而且也不是什么你想绣到枕头上的东西。也许吧。我想这取决于图案，我猜。）

所以，长话短说，我认为这个疗法让我更加乐观，因为如果这只猫被拿来让我做罗夏墨迹测验[1]的话，我肯定会以最妙不可言的方式搞砸这个测试。

第33天

还有最后三天的治疗我就能痊愈了！

---

[1] 瑞士著名精神病专家罗夏发明的一种心理学测试。向测试对象展示由墨迹偶然形成的图案，记录下测试对象的描述，然后再用心理学等方法进行分析，用来测试一个人的个性特征和情感功能。

我是在开玩笑。

玩笑指的是痊愈那个词。至今还没有什么能够一劳永逸治愈精神疾病的方法，但我怀有希望，因为这个疗法似乎有点儿用。我还是会有那么几天暗无天日，我感到疲劳，脑子里一片迷雾，还有其他的一系列反应。但我也有特别开心的日子……很多很多。比我能记起来的所有快乐的时候要多得多。而且每天我都精神满满地去接受治疗，这真是有点儿不可思议。

上周，我的医生告诉我，抑郁最终缓解后，如果你每周锻炼 6 次，每天锻炼 30 分钟，那么你保持在缓解状态的可能性会增加 350%。拼写检查想要把"锻炼（exercise）"改成"过量（excessive）"，我也是这么想的，但我还是准备试一试。我睡得更好了（这是 TMS 给大多数病人带来的第一个改变），这有助于我的好转，同时也意味着我可以有更多的精力去锻炼了。突然之间，我几乎成了一个健康的人（如果你没看到我吃了那么多培根，还喝了那么多伏特加的话）。

总的来说，这个治疗挺好，我很欣慰，也很害怕它会失效。但这里还有一个问题是我没料到的，那就是内疚。有一些是因为我竟然没早点儿开始做这个治疗（尽管我第一次收到推荐的时候，他们的疗法还不包括对双侧大脑一起治疗，因为这是最近才被批准的，所以我的等待帮我用上了这个最新疗法），但我的内疚主要还是因为我把时间花在了那些以自我为中心的事情上。理性说，我不应该有这种感觉。但这没法儿让我不觉得自己很自私。算起来的话，我开车去做 TMS 是一小时，坐在椅子上让磁铁打我是一小时，步行或游泳要半小时，睡觉或是忧心而不是工作要好几个小时。感觉就像在做坏事。可恰恰相反，我知道我不该这么想。但是知道和感觉到是两码事。我知道，给自己一点儿时间让自己更加健康，对你和周围的人都有好处。我知道，我们中的一些人需要长期的努力才能保持头脑清楚。我知道我值得这份努力，我知道我应该为能照顾好自己而心怀感激，不用感到内疚。所以下一步我要做的就是把知道变成感觉到。

我觉得不止我一个人会这么想。我想我们中的很多人都在被"照顾自己其实没什么"的想法煎熬着，而且奇怪的是，用对待狗的方式来善待自己竟然也可以成为一种煎熬。你需要遛狗，帮它选择健康的生活方式，让它喝水，玩耍，睡觉，打盹儿，吃培根，继续打盹儿，还有爱。这些我也需要，你也一样。这不仅是我们送给自己的一份礼物，这还是一种责任。

要不我们以后互相提醒吧。

第36天

今天是我来治疗的最后一天。

总的来说，这项治疗不怎么舒服，怪异、昂贵、耗时，它还提醒我，保险公司都是魔鬼，但这没什么必要，因为我早就知道了。

但这项治疗真的非常值。

我不是那幸运的三分之一，他们通过 TMS 治疗后，症状得到了彻底缓解；我也不是那不幸的三分之一，因为 TMS 对他们完全无效；我就是中间那三分之一，挺好，但不是最好。

但挺好已经很好了。在过去的几个月里，我每天都记录下自己的情绪。我已经逐渐好起来了（除了疗程过半时有过一次短暂的消沉）。在过去的一个月里，我甚至有那么五天（这些日子发生得好像挺随机的），我觉得自己很"正常"，就是我想象中大多数人认同的那种"正常"。我已经有太久没过过这样的日子了，我都快忘了自己还能有这种感觉了。

每个人都不大一样，但这是我的治疗结果。

抑郁症：当我刚开始治疗的时候，我已经陷入了深度而长期的抑郁之中，我已经抗争一年多了。直到我抑郁症开始好转，我才意识到当时我的状况有多糟。治疗开始时，大概只有 10%～25% 的我能被调动。我能说现在得有 60%～75%。我仍然有抑郁症。我还在吃药。但这个治疗就像是按下了重启按钮，好比当你的手机变慢或者坏了的时候，你把它关机再重启一下。

专注：对我来说仍然很难，但我还是有所进步。虽然不多，但有那么一点儿。

睡眠：我的睡眠模式在第一周就变了。我入睡仍然很困难，保持睡着的状态也很难，但大多数晚上我都能在午夜前后睡着，而不是在凌晨四点愤怒地发着有关失眠的推文。白天醒着的时候，我也很少觉得谁给我下了药或是我被卡车撞了。

焦虑症：TMS 通过左脑治疗抑郁症，同时也在右脑进行了焦虑症的治疗。我觉得这是我改善最大的地方。当我开始做 TMS 的时候，我有严重的焦虑症和非常糟糕的广场恐惧症。出门对我来说无比艰难，而且我也不接电话，甚至给别人发电子邮件都很难。现在我觉得很正常，明天我就要去欧洲了，这是我有生以来第一次去欧洲，如果你在几个月前问我的话，我绝对不会想到我会同意去欧洲旅行。我害怕旅行，但我现在很兴奋，这种兴奋我已经很久没感觉到了。事实上，我的家人在我意识到之前就发现了我身上的这些变化。

强迫症（OCD）和冲动控制障碍（ICD）：不幸的是，TMS 并没能显著改善它们。我仍然有夸张的 OCD 和 ICD 的想法，但稍微少了一些。

我不知道我的好转能不能持续下去，但如果我再次陷入深度抑郁，我还是有资格接受后续治疗的，有点儿希望总是好的。事实上，希望是我这次收获到的最棒的东西。这项治疗还很新，也很奇特，我们不知道它究竟为什么对某些人有效，而对其他人无效。但是，它对一些人有效就意味着我们所有人都有希望。情况会慢慢地好转，我们也会搞清楚那些让人体运转的、既美妙又可怕的引擎是怎么工作的。我怀有希望，我希望我会好起来。因为我已经越来越好了。这是一个很好的希望，我得把它带在身边。尤其是当一切再次恶化，我的抑郁症又开始向我撒谎的时候。

我会好起来的。你也会的。每天都有越来越多的人理解你的辛苦，也有更多的治疗方法可以尝试。总有一天治愈的方法会问世。每过一天，我们就离那一天更近一点儿。我会在这里迎接它的到来。

又一个月后

距离最后一次治疗已经有一个月了，我心情仍然很好。虽然不算完美，但与我接受治疗之前的感觉相比真的是好多了。总的来说，我认为这项治疗让我过上了几天症状完全缓解的日子，但大部分时间它只是把我从去年就陷入的可怕抑郁里拉了出来。我仍然有抑郁症和焦虑症的临床症状，但感觉至少比以前要可控十亿倍。

我希望我能停止服用抗抑郁药，但我又觉得这个选择对我来说没那么安全，所以我还在继续吃。如果几个月后我还是感觉挺不错的话，我可能会降低一点儿剂量。我觉得我现在就可以把剂量降低，但我担心抑郁症会复发，现在我害怕做任何可能让我再次落入谷底的事。

我的焦虑症比治疗前好多了。我的广场恐惧症也几乎没了。我已经慢慢减少了赞安诺的剂量，从这一周起，我正式不用每天吃它了，只在焦虑症发作时才吃。要不要把这件事写出来分享，我有点儿犹豫，因为我觉得那些没有焦虑症的人很容易就会说：

"你能戒掉那些药可真棒！"因为大多数人都不知道赞安诺的神奇（不管它有很多糟糕的副作用），它能从焦虑症的水火中将你拯救。虽然我为自己可以戒掉它感到骄傲（因为过程还是很艰辛的，不骗你），但我知道我完全有可能再次吃上它。如果我真的那么做了，我想提醒自己，那不是个错误，也不是什么可耻的事情。我很高兴，也很感激，因为我现在治疗的效果比我过去尝试过的很多疗法都要好，但我学到的并不是**"我对过去的疗法没有反应"**，而是**"那些疗法对我没用"**，这两种表述的差别很大。我们都应该记住这一点。

我感觉好多了，所以我可以做很多让自己保持这种好状态的事情。那些几个月前我觉得我绝不可能做到的事情，现在看来真的很容易，几乎和那些完全不了解精神疾病的人坚持说他们了解一样容易。我每天步行一到两英里。我享受阳光和新鲜空气。我走出家门。我开始清理垃圾，它们是我在精疲力竭、不能工作的时候堆积起来的。我写作。我在凌晨两点之前就睡了。我已经戒了酒，还在练马拉松。**哈哈哈哈哈**，好吧，别信最后一句。如果我把伏特加换成为了什么目标而跑步的话，这将是一个很明显的信号——我一定是加入了邪教组织，我需要被营救。但除此之外，我真心为我做到的事情自豪。再说了，我不认为我在极度抑郁的时候能做成这些事情里的任何一件，但我现在可以充分利用这个机会去做它们。

我还是经常觉得自己是个失败者。我还是有暗无天日的时候。我还是要避免某些触发因素。我还是有注意力、记忆力和驱动力的问题，问题还很大。我还是崩溃的。我还是我。我还在找寻一条出路。但我很高兴我找到了一种可以帮助我的疗法，至少它已经帮助我再次确认了希望的存在。希望一直都在。

不是每个人都适合做 TMS，在很多方面它仍处于起步阶段。TMS 并不总是有效，即使有效，它也可能随时失效，没人知道为什么。它很不舒服，很费时，也很贵。但对我来说，这一切都很值得。我当时（现在仍然）非常幸运。

两个月后

我有一个参加匿名戒酒互助会的朋友跟我聊起了会里的事——为了健康，你得持续做那些需要做的事情——我意识到现在的我对这句话特别能感同身受。

TMS 帮我按了一次重启按钮，但我仍然会在某些日子里感觉特别糟糕。我仍然能感到自己又回到了那个黑暗的地方。我掌握的自救方法比以往任何时候都要多，这很有帮助，但有的时候，我一天里唯一做到的事就是活着。这当然很了不起，但也同时让我有些羞愧，尤其是当你看到其他人似乎一个个从你身边飞驰而过的时候，你只能为了不被淹死拼命踩水。也许他们也在踩水。反正你也看不出来。你只是想活下去。

今天就是这样的一天。我猜是因为天气吧。外面下雨，天色阴沉，我的关节很痛，这让我不想出门，即使我的医生建议我每天步行30分钟来控制我的抑郁症。

这是我康复计划的一部分。今天，我把海莉送去了学校，然后我又回到床上，一直躺到中午，我并没有很享受。没得抑郁症的人是不会明白的，精神疾病的疲劳会让你的身体变成一座监狱。床上有股酸味。我没法儿专心阅读。维克托出城了，所以没人叫我起床。

但我得遵照着康复计划行动起来。所以我起床了。我冒着寒冷走了10分钟。接着我又走了10分钟。然后我终于走完了30分钟。我刷牙，然后洗了个澡。我把光照治疗用的灯从仓库里拿了出来。我写了这篇文章。

今天是个好日子。至少从精神疾病的角度来说是的。我起床了。这件事本身就已经相当神奇了。这可不是什么每天都会发生的事。但今天我起床了，我感到骄傲。我会继续做康复计划的。

我一直在往这个康复计划里添东西，找到适合我的方法。我把它们分享给其他人。其他人也把他们的分享给我。我们互相帮助。

也是帮助自己。

所以今天我要分享我的一些方法。我没聪明到能够把它们都记在脑子里的地步，所以现在我要把它们写下来，提醒自己我应该照着它们做：

1. 谨遵医嘱。对我来说就是吃抗抑郁药和接受行为疗法。

2. 每天锻炼 30 分钟，一周 6 天。

3. 晒太阳，要是你没法儿晒太阳的话就使用光照疗法。但在光照疗法的灯泡下不能待太久，即使你特别想也不行。

4. 像对待自己最喜欢的宠物一样对待自己。喝充足的淡水，保证充足的休息，必要时找个人依偎一下，允许自己小睡一会儿。

5. 避免消极。避免消极的新闻、人和电影。等你恢复健康了，那些消极的东西也不会跑。不管你看它还是不看，世界都继续向前。

6. 原谅自己。原谅自己的崩溃。原谅你只是你。原谅你认为这些事情是需要被原谅的。

7. 别对自己说可怕的话！你能想象你最爱的人对他们自己说这样的话吗？你会觉得他们疯了。而且还大错特错。他们也是这么想你的。你那些消极的想法是不合理的。要记得，抑郁症满嘴谎话，而你的大脑并不总是那么可靠。

8. 允许自己慢下来。我很幸运，我工作的时间不那么固定，我可以给自己放"精神健康日"的假，虽然我还不够心安理得。但你要明白，有时候你需要这种慢节奏的日子，它们对健康有益，也是你对自己负责任的方式。

9. 看《神秘博士》[1]。

10. 照顾一只小动物。去领养一只被救助的小动物吧，如果

---

[1] 英国广播公司制作的热门科幻电视剧。

你领养不了，那就去收容所抱抱小猫吧。然后你就会意识到，你抱着的那只小猫咪不会去成就什么丰功伟业，但它仍然是那么的美妙，那么的可爱，那么的重要。你就是那只小猫。

11. 起床。刷牙。洗个热水澡。如果除此之外你今天什么也没做的话，就换件新睡衣吧。这挺有帮助的。

12. 记住你并不孤单。危机干预热线那儿挤满了想要帮忙的人。有人比你想象中更爱你。有人迫不及待地想见到你，因为你会让他们知道，和你相比他们一点儿也不孤单。你值得拥有最好的，幸福终将到来。

我觉得把这些对我有用的事情列出来很奇怪，因为每个人都不一样，对我有用的事情可能对你不管用。可现在对我有用的事情到了未来可能也会不管用。你可没法儿和慢性精神疾病做什么约定。不过，我还是把它分享出来，希望能帮到你。我想这又是一种方法了吧。笃信你自己说的话，即使你是在事后诸葛亮。

抱歉我扯得太远了。但我已经尽力了。这没关系的。

6个月后

我做完 TMS 已经半年了。我越来越不需要赞安诺了，而且我已经有 6 个月没吃它了。我的抑郁症有一段时间已经好转了，但最近我的日子有点儿煎熬。

抑郁症在过去的半年里经常复发，但时间从没超过几天。但这周不一样了……时间更长了，也更压抑了。我已经把我自己和接受 TMS 治疗之前糟糕的经历隔绝了，但突然间我又全想起来了。我挣扎着打电话过去问能不能给我进行些强化治疗。我不确定强化治疗会不会奏效，毕竟这挺常见的。没什么是永恒的。不管是好是坏。

TMS 似乎把我从最深的谷底拯救了出来，所以当一切再次变糟时，我很庆幸至少我还有 TMS 这个选项。尽管我曾希望我不会这么快就又回去再次接受治疗，但我还是会去的，它帮我借来了半年时间，让我过上了一种宛若新生的生活。治疗结束后的一周，我第一次去了欧洲。

我吃了哈吉斯[1]和可丽饼[2]（不是一起吃的）。我在巴黎的地下墓穴迷了路。我把死鸡喂给了在闹鬼的城堡里游荡的猫头鹰，就像个可怕的女巫一样。我去看了伦敦塔的乌鸦。当我的女儿第一次看到埃菲尔铁塔在繁星闪烁的夜空下点亮时，她惊诧地倒吸了一口气，而我就在她的身边。我徒步穿越了群山，睡在了夜间火车上，和家人们一起大笑，探索了很多陌生的、充满魔力的地方，这一切都远远超出了我的想象。

---

[1] 苏格兰名菜，用剁碎的羊心、肺、肝等调成馅，通常包在羊肚中煮成。
[2] 法国的薄烤饼。

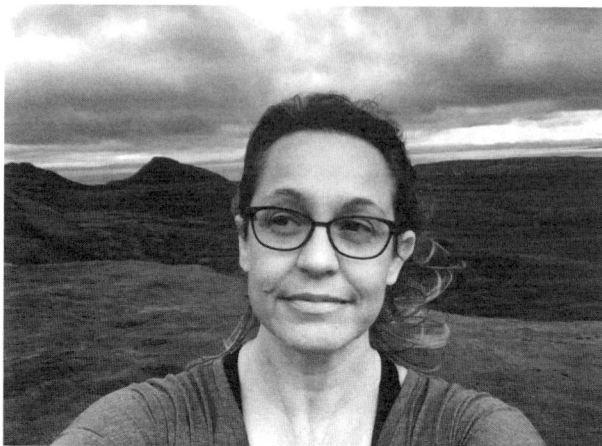

这是一个经常会害怕邮递员，但不知怎么竟征服了欧洲的
女人的脸（我说的"征服"指的是"离开家去参观了大约
一个星期"，这对我来说是件大事。）

这都是值得的。我真是太幸运了。我打了电话。我约了去看医
生。我践行着康复计划。为了好起来，我得付出永无止境的努力。

我得继续赶路了。

黄金（尿）时代

在我女儿还很小的时候，她问我的童年是什么样的，我会向她回忆 20 世纪 80 年代的旧时光。那时候动画片只在星期六早上播出，而且你还不能看《鼠来宝》，因为那次正好轮到你妹妹去选频道（只有三个频道），但她想看《木偶娃娃》。

海莉就会严肃地看着我说："所以你买不起 YouTube？"然后我就跟她解释说那时候还没有 YouTube，接着她就会开始怀疑我故事的真实性，然后我会说："是的，我们当时买不起 YouTube。"

这真的不算撒谎，因为即使当时有 YouTube，我们也真的负担不起。

我们还买不起供暖，所以在寒冷的冬天早晨，我和妹妹会从铺满衣服的床上醒来，那些都是前一天作为额外的被子铺上去的，我们在暖和的被子里面穿上衣服，然后从床上冲到客厅里的小煤油取暖器前。

如果你从来都没穷过，你可能会不知道什么是煤油取暖器，所以我会尽力解释一下。它是个金属盒，尺寸和一个大一点儿的微波炉差不多，你可以把煤油倒在里面点燃。如果你不小心碰到了它，就会留下一个跟随你终生的伤疤，因为它表面的温度远远超过刚出炉的灌饼馅儿，但是，它散发热量的半径只有大约一英尺，再往外一点儿就莫名其妙地不起作用了。丽莎和我会把煤油取暖器拉到离沙发不能更近的位置，然后我们俩在地板上蜷缩在一起，把沙发后背当作一件不够保暖的外套。我敢肯定，我俩只有在蜷在一起取暖，在煤油燃烧的辉光下看书的时候才不吵架。我们会小心翼翼地不要把暖气放得太近，以免熔化了沙发上的人造皮革，这样的事情太经常发生了，所以每次闻到人造革熔化的味道时，我都会想到圣诞节。我们在取暖器前面度过了很多个冬天，小腿和脸都被晒伤得很严重，读的书也经常着火。有钱孩子们在滑雪度假时才会在冬天里被晒伤。我们却靠煤油和贫穷收获了它。

　　我们必须非常小心，避免不小心碰到煤油取暖器，因为最轻微的晃动都可能会触发安全开关，取暖器就关闭了。想要重新点火不能没有火柴，但是我们的母亲非常有远见地把火柴藏在了我们不知道的地方。那些早晨真的很冷，但根本比不上我们一大早就不小心把自己锁在门外（我们的父母得早早出门上班）的时候。天寒地冻，我们的外套被锁在家里，所以我们只好沿着街道走到学校去，但天还是黑的，学校也没开门。我们只能靠在一个可以稍微挡风的库房旁边，毫无耐心地等待死亡的降临。这是我记忆里最冷的一次，而且我觉得和一个拒绝让我碰她草莓娃娃的人抱着死去真的很可怕。

我有点儿怀疑这是不是我母亲的计划。她好像说过："你们两个别再吵架了，要不然我会让你们俩拥抱到死。"

丽莎和我经常吵架，但这不是我们的错。这房子有四个人住，却只有一个洗手间，这意味着你不得不偶尔让对方不好过，也意味着你们会因为别无选择而深爱彼此。有时候，它意味着当死亡慢慢降临时你会紧紧地抱住对方。在我们的故事里，学校的看门人终于来了，把我们放进去了。

那是手机还没问世前的一段危险的岁月。我们互相依赖，为了取暖，为了互相帮助。这是一辈子的事。虽然我和妹妹曾经经常吵架，但我们现在是最好的朋友，因为没有其他任何人知道我们是怎么熬过来的。活着，还能茁壮成长。

我们的孩子们只知道按一个按钮就会有暖气（还有一个父亲会告诉他们不要乱调空调的温度，多穿件毛衣）。他们永远不会知道，是什么样的寒冷逼你走进卫生间，拿电卷发棒当一个小取暖器，让你在读书的时候双脚不至于失去知觉。你还得向你妈妈保证这次是因为你真的拉肚子了。他们永远不会知道，用最人性化也是最绝望的姿势紧紧贴着彼此来获得最基本的温暖与舒适是什么感觉。当丽莎和我把这些故事讲给他们听时，他们惊恐又怀疑地看着我们。我想我们俩对视的眼神也差不了多少。但我们的眼里有着苦乐参半的悲伤，因为我们的孩子将永远不会拥有那些回忆。

回想起来，我会说那段时光很美好，可能只是因为回顾时不用再待在那儿受苦了。经历了独属于你的各种奇特困境之后，你开始有了一些自我感觉良好的想法，比方说："我曾和整个街区的人共用一条电话线路，这就是为什么威廉姆斯太太和我对彼此的所有秘密了然于心。"还有，"我所有的混音磁带都是从收音机里录的"。

我想每一代人都有自己的怪癖。我过去经常问我的曾祖父母，求他们告诉我他们小时候的样子。我的曾祖母告诉我，在大萧条时期，她和她的兄弟姐妹为了取暖全都睡在一张床上，当他们中的谁必须小便时，就会尿在床上，要是他们走去厕所的话很可能会被冻死。我很确定这比电视里只有三个频道要糟糕得多，而且我怀疑她是为了让我感激没人在我身上尿尿。但她说这话时看起来挺可信的，回想着她童年时的金色"阵雨"，她说："嗯，有那么一分钟，它还是挺暖和的。"

她是怀着爱告诉我那些故事的，不是愤怒，也不是悲伤，可能是因为现在的她离那些故事已经太遥远了，所以它们变成了甜蜜而珍贵的记忆，和性毫无关联的金色阵雨的回忆。记忆真奇怪。看事情的角度也是。

我和维克托刚结婚时，我们有时会在我父母家过夜，就睡在我儿时的小床上。那是我曾祖母小时候睡过的那张古董床，后来又传给了我，当我写这篇文章时，我才意识到它一定是那张所有人都往上面撒尿的床。我觉得它既漂亮又暖和，虽然维克托完全不同意。那时候，已经有了集中供暖，但我父母为了节省电费，晚上会把暖气关掉。然后维克托就会抱怨，因为他不知道怎么把猫当成暖气垫。他也完全没能掌握蒙头睡觉的技术，如果你把被子当成你自制帐篷的顶，那么你就得用呼出来的热气让整个帐篷升温。最后，你要么暖和起来了，要么就会因为缺氧而昏过去。他还抱怨说，这张床很不舒服，也不平整，感觉像是石头做的。

"别傻了。是马毛做的，我猜，"我说，"还有岩石。"我承认。

然后他看了看床下，看到一堆又大又平的石头撑在床垫下面。但这么做是有道理的，因为这张床已经有一百多年的历史了，组成床板的架子也有了裂缝，所以必须用那些平坦的石头来支撑床垫。那张床经历了太多的死和生，以及你能想象到的一切，所以它当然需要些石头。不知道是什么原因，维克托觉得这个理由让他不舒服，于是他拒绝再睡在这张床上。他就像是为我而生的豌豆公主，或者是金尿公主。现在我想起来了，当时我觉得他有点儿假清高。但我想如果你没习惯，就要睡在用石头和死人尿造就的床上，这要求的确是太高了。

我想我从中学到的是，即使是最糟糕的经历也可以变得美好，只要它们没真把你给杀了。即使你的情况已经再糟糕不过了，只要那件事最终结束，你就算赢了。幸福生活的秘诀，我想，就是要等到你欣欣向荣的时候再死。最好是在温暖的床上，不需要用石头支撑，没人在上面撒尿，除了你自己。房间里还有空调。

以及 YouTube 上所有 80 年代的《鼠来宝》剧集。

还有那些闪着光的、古怪的、花再多钱也买不到的回忆。

尴尬让我们团结在一起

不久前，我向全宇宙发出了一条推特。

机场前台："祝您旅途愉快。"我："你也是！"
啊！我永远都不会再来机场前台了！

这只是我的尴尬日常，但它引来了海啸般汹涌的回复，我到现在还没全回复过来。令人震惊的是，人们不是来告诉我，我有多傻，而是跑来跟我分享，他们自己有多傻。

有一次我和一个正在帮我的售货员来了次击掌，但她只是在和商店外面的朋友招手。我还没从这件事里缓过来。

—— kirstenduke

新工作**第一天**结束时，我给老板发了一条短信："准备溜了，爱你。"我本来是想发给我男朋友的。

—— angebassa

一个老人把一张打折卡拿给我看，然后我说："你马上就要过期了！"我可能再也好不起来了。

—— crashkrispy

我说话很快，有一次我在书店里告诉一位顾客，那本新小说入围了"舔男奖（Man Licker Bonglist）"。[1]

—— missliberty

我看到一个收银员把手伸了一下，于是我和他握了握手。他只是在找我要优惠券。

—— laraeakins

朋友的祖母总是避免参加葬礼，因为她不会向死者家属表达遗憾之情，反而因为过于紧张开始道喜。

—— slayraa

---

[1] 她想说 Man Booker Longlist，是著名小说奖项的候选名单，2002—2019 年这个奖项的全名是 Man Booker Prize，现名 Booker Prize。

一个朋友感谢我来参加她丈夫的葬礼。我的回答是："这种事我随时都可以来。"

—— cardinalbiggles

成千上万的人给我发来了他们的自白，忏悔那些令他们羞愧难当的遭遇，不管是和家人、朋友或是完全陌生的人。然后成千上万的人读了这些故事，并分享了让他们铭记一生的、可怕的、丢人的事情。

这真让人肃然起敬。

最近，当一位同事问我"你过得怎么样？"时，我发出了一种奇怪的、有点像楚巴卡 [1] 的叫声，我尴尬得连一句解释也没给。

—— SoxGirlNV

我注意到一个盲人正朝我走来，于是我喊："我在你右边。"但其实我在他左边，他纠正了我。

—— tanyaphillips18

收银员对我说"嗨"，然后我回了句"洋蓟"，因为她正拿着它们。

—— Jayellemo

---

[1] 《星球大战》系列里的角色，他体型高大，毛发很长，经常发出不知所云的动物叫声。

我的同事问我午饭吃什么，我回她说吃胎盘（placenta），我想说的是玉米糊（polenta）。

—— HopeOR

给一位女同事发带附件的电邮，我写了句"婊子给你（Here you ho）"，而不是"发给你了（here you go）"。两次。

—— Rindsay

运输安全管理局随机搜查了我的登机行李箱。我往里面塞了太多东西了，于是我警告警官说"它可能会爆炸的"。

—— Thearetical

有一次我不小心给老板发了一段我冲马桶的录音。

—— Atinybun

* 在葬礼上 *

我：听说你父亲病了，我很难过。

朋友：谢谢。

我：病得严重吗？

朋友：是的，你正在参加他的葬礼。

—— Jamesspiro

我去做弥撒。前面的那个人转过身来说:"愿平安与你同在。"我回答说:"很高兴见到你。"然后和他握了手。

—— Editor_ James

人们分享的故事越多,我越能感同身受。我并不孤单,大多数人都读着自白者的故事一边大笑一边尴尬不已,直到他们找到了共鸣。他们就会留言说:**"天哪,我也这么干过,让我跟你讲,我那次比你还糟糕。"**

有人在我的婚礼上问我们有没有计划马上要孩子。我把他说的小淘气(rugrats)想成了会咬地毯的小虫子,回答说:"我要小虫子干吗?"

—— thewildgoose

拜访新邻居。我看着他们的结婚照说:"真怀念 80 年代啊!"他们回答说:"这张照片是去年拍的。"那一年是 2005 年。

—— Lou_C69

一个朋友在得来速[1]下餐。然后她听到有人说:"你能把车开到麦克风前面吗?你在跟垃圾桶说话。"

—— gotcookies

---

[1] 开车点餐(drive through)的服务,一个窗口下单,一个窗口支付并取餐,全程不用下车。

走出星巴克，我上错了车，司机一直等我把电话打完了才告诉我。

—— parentlikeadad

付午餐钱的时候，我掏出了一条内裤，而不是一张 5 美元的钞票。

—— tambone41

我和妹妹一起去公共浴室，上厕所的时候，我把手伸到厕所间的隔板下面，抓住她的脚踝想吓唬她。那个人不是她。

—— raisingpks

当这些陌生人在不眠之夜的凌晨三点分享着那些萦绕在心头的羞耻故事时，他们突然感到庆幸而不是惭愧，因为他们独特、可笑的故事给全世界的人带来了笑声。那些糟糕透顶的细节只会让故事更加有血有肉，也更加完美。

有个我一生当中见过的最帅的男人有一次坐在我身边对我说"嗨"，我回答说"我在吃巧克力味太妃糖"。他转身走了。

—— Daize_Plays

奶奶看到我的大号卷发棒，问我为什么要把我的"淑女小道具"放在其他人能看到的地方。

—— ItsgotMyLeg

我开车去加油站，汽车加油盖不在加油嘴那一边。开车绕到另一边还是一样。于是我开车走了。

—— SkimbleCat

作为一个医生，离开房间的时候敲门这件事发生太多次了。

—— dochocson

在一家五金店工作，我拿起店内广播，突然忘记我要做什么，然后我就冲着全店大声说了句："喂？"

—— AliOffTheMark

第一次约会。从没吃过开心果。我用牙把开心果整个咬碎了，包括壳。假装我就是喜欢这样的吃法。

—— FallenPixel

我给九年级的暗恋对象打电话，给他唱生日快乐歌。我唱完的时候，他爸爸说："希思不在家。"

—— SoundCheckMama

把那个一瘸一拐向我走过来的人当成了熟人。"天哪！你怎么了？""我小时候得了小儿麻痹症。"我逃走了。

—— Lucyundersnowe

故事像洪水一样涌来，我看着这些人然后慢慢意识到，没人真的想庆祝你的游艇有多大、你的发量有多惊人、你的腰围有多细或是你的下体有多粗。真正能让所有人团结在一起的，是把那些"所有东西都应该闪闪发亮，都应该完美无瑕"的虚伪抛在脑后，好让我们在那一瞬间都能意识到，自己是多么的有血有肉。

我经常在停车让行的标志下等它变绿。

—— aegtx

三明治店收银员："什么名字？"我："哦，我有男朋友了。"收银员："我说的是三明治。"

—— grok_

在皮肤科，护士问我还需要些什么，我莫名其妙地回答："**要一个圣诞拥抱**。"我再也没回去过。

—— DianeWade3

有一次我在舀冰激凌，一块冻住的草莓碎渣跑到我拇指下面。拇指流血了。我被自己刺到了。**用冰激凌。**

—— imagin8ion

在博物馆里有一个讲动物哺乳的区域。我偷偷靠近妹妹，对着她的耳朵小声说："哈！动物的咪咪。"她不是我妹妹。

—— emsbum

和新邻居聊天。蜘蛛爬进了我的比基尼上衣。我尖叫："把它弄走！"然后我把上衣扯了下来！我在 6 个人面前成了暴露狂。

—— UnseelieMe

看到那个性感的牙医，我就忘了牙齿怎么说。"你能医好我嘴里的骨头吗？"

—— elphrat

度过这些羞耻的时刻会让你更加强大，更加坚韧，因为你没有其他选择，只能向前看。要么让它把你吞噬，要么为它庆祝，因为它给其他人带来了欢乐，让他们和你一样既尴尬不已又咯咯直笑，像疯了一样。出其不意地把事情搞尴尬是一种常见的、脆弱的、被低估的成就。

警告同事说停车场里有个怪人。那个人是她丈夫。

—— KCLeventhal

去超市购物后，我让装袋工帮我提了东西，但不记得把车停在哪儿了。我们搜寻了整个停车场，然后想起来我是走过来的。

—— Heading_West

有一次我上错车了，试着发动了好几分钟。我还把手机忘在那辆车里了。

—— CBTman

丈夫小心翼翼地把软骨吐到了餐巾纸上。侍者手舞足蹈地抽走餐巾，软骨飞到了另一张餐桌上。

—— NightOwly

我为参加祖母的葬礼买了件新衣服，衣服到了，堂兄弟姐妹们也笑疯了，它和祖母身上的那件一模一样。

—— desert_flowers

以前在建材店工作，看到一个男人在看刷子。"需要搭把手吗（Need a hand）？"我说。他转过身来，只有一只手。

—— _rallycap

青春期的时候我试着写了点儿"情色"文章。我把手写的作品藏在毛绒玩具里。妈妈把这个玩具送给了邻居家的孩子。

—— RikiTikiTallie

第一次去看妈妈的妇科医生。做检查的时候，他说我长得像我妈妈。我问这很常见吗。他指的是我的脸。

—— LwMallard

我发出第一条推特已经几天了，人们的回复仍然源源不绝。它引起了巨大的关注，《纽约时报》还为此写了一大篇文章。登上《纽约时报》的版面是社会名流和百万富翁穷尽一生的梦想，但事实证明，真正吸引人们的是那些真实的故事，是只有那些有血有肉的人才做得出来的、让人大跌眼镜的破事。直到今天，我没有哪一次读这些回复是没笑出眼泪的。

面试保姆时，我解释说这份工作需要做一些简单的家务（light housekeeping）。得到的回复："我从来没守过灯塔（lighthouse keeping），但我愿意试试看。"

—— glenha

为了不引人注意，我把卫生棉条藏在袖子里然后朝卫生间走去，向人挥手问好的时候它飞了出去。我没停下来。

—— karensmith_0808

在我办公室外面和同事一起走，我放了个特别响的屁。然后拿起手机，假装是我爸的电话，屁的声音是他的手机铃声。

—— Mama_Cougar

当我在小艇避风港看到一只水母时，我尖叫道："快看那些睾丸（testicles）！"这时正好有一个渔夫从旁边走过。是触须（tentacles）。触须！

—— Emily_ford

家里有客人，我的儿子摇摇晃晃地走下楼梯，像耍双节棍一样甩着我的自慰棒。

—— vulgarhouse-wife

当《史黛西的妈妈》这首歌刚刚发行的时候，我问朋友的室友史黛西，她妈妈有没有听这首歌。她妈妈刚刚去世，所以没有。

—— beegibs

在星巴克用现金付账。员工伸出拳头，所以我和他碰了碰拳。结果他手心里攥着找我的钱。

—— marlaerwin

这才是构成人性的东西。不是从火灾里救出孤儿水獭，也不是网上那些浮夸的名人。构成它的是意想不到的屁、百爪挠心的尴尬、令人羞耻的意外和可怕的自动拼写检查。构成它的是那些只有人类才做得到的事情。人性真的很神奇。

在大学生物课上，我发誓我看过一部讲硅基生命体的纪录片。后来才发现我看的是科幻电影《X档案》。

—— KBSpangler

隔壁隔间的女孩开始和我说话，所以我和她聊起来了。听到她说："有人一直在和我说话。"原来她在打电话。

—— SampleHappiness

健身时摔倒了。我在地板上打了个滚，侧躺在地板上大叫，"把我画得像那些法国女人一样。"

—— ScrambledMegs91

在葬礼上排队，一对可爱的老夫妇站在我身后，然后我的裙子掉下来了……掉到了地上。完全没有任何理由。

—— briannaShrum

在教会，请求他们为我一个朋友的朋友祈祷，他因为宫内节育器（IUD）爆炸失去了一条腿。我想说的其实是简易爆炸装置（IED）。天啊。

—— mama_bear113

在啤酒厂品尝啤酒。我把不喜欢的酒倒进了桶里，就像参加葡萄酒品酒会一样。那是他们装小费的罐子。

—— MrRostiPollo

发了一封公司邮件，在里面我为"失禁（incontinence）"而感到抱歉，而不是因为"不便（inconvenience）"。落款写的是撒旦（Satan），而不是莎拉（Sara）。

—— SaraMarks18

我一个人在复印室的时候放了个臭屁。接着同事走了进来。我推托说这是暖气片的味道。同事给维修部打了电话。

—— TwitwittyVal

丈夫在上移动卫生间，我在旁边等着，两个市政工作人员把它搬起来就走了。我太震惊了，竟然没说里面有人。

—— StephanieArnot

这就是我从以上学到的：每当真正令你羞耻的事情发生时，

你都面临一个选择，你可以让它困扰你的余生，你也可以去为它庆祝，因为今天的尴尬时刻可能会成为明天的精彩故事。

你羞耻难当的故事就像是一个请束，会把别人的故事邀请到你的世界中去，然后我们中的很多人就会突然开始分享他们令人震惊的自白，而那些没有尴尬经历的人会感到自己才是最丢人的。于是终于有了这么一场网络狂欢，我们——朴实的、与外界格格不入的人们——都会为其他人感到些许抱歉，因为他们永远都没法儿加入这个古怪的群体，也不会知道我们的偷偷握手是什么。（顺便说一下，我们的偷偷握手 = 有人向你挥手，你也向那个人回应，接着却发现他们是在向你身后的人招手，但是他们会觉得尴尬，所以想要通过和你击掌来掩饰，但你没碰到他们的手，你还意外地打到了对方的胸部，最后所有人都落荒而逃，而且我们不会再说起这件事情，永远不会。）

吃了家居店货架上的饼干。吃到一半，我才发现那是块装饰肥皂。但我还是把它吃完了。

—— judicutrone

在朋友爸爸的葬礼上，我问她妈妈怎么样了，完全忘记我六个月前参加过她妈妈的葬礼。她回答："目前还死着。"

—— Alissasklar

一个周末，路过花园时朝里面一个戴着太阳眼镜和帽子的男人招了好几次手，没得到任何回应。他是个稻草人。

—— Ferndalyn

在超市结账，我："跟店员小哥哥说再见吧！"然后向下看，发现我这次没带着孩子。

—— Hattiechicken

我问药剂师，为了治好我一直都不见好转的感冒，能不能给我来点儿安乐死（euthanasia）。她说这似乎太极端了。#紫锥菊（Echinacea）

—— rachnyctalk

自我介绍："嗨，我是雷蒙娜。"另一个人说："哇！我们的名字一样。"我答："太棒了，你叫什么名字？"

—— ramonaBrutaru

有一次我前面坐着个大帅哥，我想把他衣领上一根散落的头发拿开。后来发现那是他的耳饰。

—— JunebugsMumma

所以，当你下次再做出什么特别丢人的事时，请你务必提醒自己，你是在尽你所能地做一个有血有肉的人类，而对于那些目击者来说，他们在未来必定会遇上各式各样的尴尬事，你是在允许他们原谅自己。如果你这么做了的话，我会向你说一声谢谢。事实上，下次你做了什么丢人事时，你可以告诉大家是我让你做的，这么一来，就都是我的错了。这样每个人都会开心。

惊恐地叫了声"蜘蛛"。但那只是西红柿的蒂。我过去把西红柿捡起来，**一只真正的蜘蛛就在它后面，我尖叫着仰面倒在地上。**

—— RubyDeuce

在火车上给我男朋友打电话，突然惊慌失措地说："对不起，我得挂电话了，我找不到我手机了！"他："那我们现在是用什么在说话？"

—— Kastrel

把我认为是张团购券的东西给了服务员，他说："我们不收这些。"我气得要命。那是一份火鸡砂锅的食谱。

—— sashatrosch

在路上，我惊慌失措地给我丈夫打电话，因为我看到一辆和我们家车很像的货车出了车祸。他说："你开的就是那辆货车。"

—— djs613

我以为我 4 岁的儿子在我身边，说："我们下扶梯的时候，拉住我的手。"但我身边是个老人，他说："好吧，如果你坚持的话。"

—— suzdal92

在英国的火车上给宝宝喂奶。向身旁涨红了脸的男人微笑致歉。然后发现宝宝已经睡着了，我的胸现在正放在这位老兄的小臂上。

—— breedemandweep

告诉我的朋友们，旁边那辆车里的人在和我搭讪。他是个示意我系上安全带的便衣警察。我被开了罚单。

—— rykatulri

我不记得"犀牛"这个词了，所以我叫它们"紫色的独角河马"。我至今没把这茬忘掉。

—— misplacedyank

我告诉理发师我想要一个"平头（blunt cut）"，但把 N 移到了第二个词里[1]。我说了三遍。

—— foseburgian

---

[1] cut 就成了 cunt，俚语表示女性私处、浑蛋等。

我以为我在涂从口袋里掏出来的唇膏。其实我是在整个汽车销售展厅的人面前把卫生棉条杆到嘴上。

—— radioladiorobin

如果你读到了这些精彩的自白，却没能做出这样的事情——你咯咯直笑得太过分了，很多人都在盯着你看，然后你就试着向他们解释到底什么事有这么好玩，但是你笑得眼泪都出来了，根本说不出话来，他们只是盯着你看，好像你发疯了一样。不知为什么局面变得更加难以收拾。你笑得更厉害了，然后你还会生气。因为他们没意识到这一切有多么精彩——那和你就做不成朋友了，老实说，我有点儿为你尴尬。

那次，我让蜥蜴用自行车喇叭声给缠上了

今天是从我拼命拯救世界的早晨开始的，维克托却冲我大声嚷嚷，指责我太太太有爱心了。

维克托对这个表述不太满意，因为他说，他的一天是从他滑倒在半个灌饼上开始的，而那半个灌饼是我放在汽车轮胎旁边的。这么说也没错。但我留下那半个灌饼是为了把猫头鹰引诱到车库里来，这样我就可以和它交朋友了。严格说来，在美国养猫头鹰是不合法的，但美国限制不了我和谁交朋友，或者不和谁交朋友。而且这只猫头鹰似乎真的很喜欢交朋友。我给它起了个名字叫奥利·麦克比尔（Owly McBeal），原因是它太瘦了 [1]（所以我才给它留了灌饼），还因为它看起来很能据理力争，在法庭上也能游刃有余。但是维克托并不买账，我猜是因为他在女强人面前

---

[1]　将猫头鹰（owl）加上一个 y 组成 Owly，谐音美剧《甜心俏佳人》里的女主角艾丽·麦克比尔（Ally McBeal）的名字，她是一名身材消瘦的律师。

会倍感压力。他说猫头鹰们不吃灌饼，而且把它们当宠物养实在是太可怕了，它们不仅会把我们的猫咪全部吃光，还会一边嫌恶地看着我，一边大嚼特嚼我书架上放着的那个穿着衣服的老鼠标本。

　　这样的争论我已经司空见惯。从小到大，我总能看到爸爸在浴缸里帮浣熊孤儿或是病快快的狐狸做复健。我也随时准备好去救援一只愤怒的雪貂或者是一口袋生了病的花栗鼠。最近我看到一张海报，是为一个灵长类动物救援募捐所做的，海报上有一张猴子穿着溜冰鞋的图画。我当时就想：啊，太好了。我真的特别想和一只猴子一起溜冰。不知道收养流程是什么样的？但是当我联系那家救援所时，他们回复说："我们是不向公众开放收养的，而且你千万别和猴子一起溜冰。我们的标志上之所以有那张图，是因为我们曾经救了很多猴子明星，把它们从那种可怕的营生中拯救出来。"我为猴子们感到高兴，但也有点儿伤心，因为说不定它们喜欢溜冰呢？溜冰真的很有意思。但现在你拥有的只是几十只无聊的猴子，而它们永远都没法儿追寻自己的梦想了。我提议给猴子买一双儿童溜冰鞋，然后由它们自由活动，说不定猴子们其实很喜欢溜冰，自己跑去把溜冰鞋穿上了呢。但我还是没能说服救援所那帮人。所以，我找到了救援所的亚马逊捐助清单，然后给它们买了一个迪斯科球灯，这玩意儿被列在清单上肯定是因为猴子喜欢迪斯科。维克托说："为什么信用卡账单上有个迪斯科球灯？"我答："这不是买给我自己的。是给那些明星猴子的，它们被迫退休了，不能再溜冰玩儿了。"就是那次，维克托威胁要停掉我的信用卡。

如果你听信维克托的一面之词，你可能一直会这么认为：我，一个顽固的古怪动物爱好者，尤其热爱那种一逮到机会就可能把你的脸咬掉的动物；他，一个脾气暴躁的厌世者，致力于把无家可归的水獭们赶出泳池。但事实并不总是这样。真相是，他照料了很多我们遇到的离奇生物，包括我们结婚前遇到的四种。

一

维克托和我刚开始约会时，我们还在上大学，他每晚都会来我家。我有一条五英尺长的蟒蛇，名叫斯特拉，是我爸作为一个惊喜（惊喜？）带回家的。但是斯特拉得吃活老鼠，这事我可做不来，所以我爸每周去一次宠物店，买一只年老的喂蛇用鼠扔进装斯特拉的水族箱里给它吃。每次当我成磅地往嘴里塞培根时，我都会假惺惺地避免一切与斯特拉和喂蛇鼠有关的联想。我爸叫维克托过来围观斯特拉是怎么捕食它的猎物的，那时维克托挺想给我爸留下个好印象，所以他来了。但那只被他们扔进水族箱的老鼠又大又胖，它就那么坐在自己的后腿上，胖胖的肚子把双脚完全盖住，像个毛茸茸的不倒翁，眼睛冲着每个人瞪得老大。斯特拉则蜷缩在角落里，我爸每隔一小时都会回来检查一次，发现那老鼠的举止太吓人了。斯特拉似乎羞愧难当，因为老鼠已经开始在它身上走来走去了，所以我爸决定把老鼠捞出来放进冰箱的冷冻区，这样等会儿斯特拉就能把他给吃了。因为如果你把一只老鼠和一条不想吃它的蛇放在一起，那老鼠最终会跑去攻击那条蛇的，就像大卫和哥利亚[1]一样。我当时说："不，这老鼠受的苦已经够多了。我们应该把它放生。"维克托和我爸交换了眼神，接着爸爸就提着老鼠的尾巴把老鼠拽了出来，扯尾巴是因为他不想被老鼠咬到，但那只老鼠又胖又老，**所以那根尾巴断了**。

我爸爸大叫："哦不。"，手里拿着一条名存实亡的尾巴。那老鼠瞪着他，好像在说："你在搞什么鬼（这儿需要强烈重读），浑蛋？"然后我说："**就这么着吧。这只老鼠被赦免了。它自由了。**"

我把老鼠放到了一个空麦片盒里，维克托则一直想向我解释生命生生不息的概念，但我听不进去。我开车去了几英里外的海湾，维克托看着那只老鼠，它弓着背，趴在麦片盒底。

"你不怕蛇是因为你太蠢了，"维克托对老鼠说，语气听起来就像在和你不喜欢的小屁孩儿说话，"是吧，你这蠢老鼠？"

一阵小小的吱吱声从盒子里传了出来。

维克托震惊了，盯着我看了好一会儿，然后迅速看回那盒子。

"你……你是不是刚才在对我吱吱？是吗？"他的语气大变，就像是在和一只向他微笑的狗对话一样轻声细语，"既然是这样的话，那你好呀，吱吱小调皮。你感觉怎么样？刚和我说话

---

[1]《圣经》中的人物。大卫对战巨人哥利亚最终获得了胜利，引申为以小博大。

的那个男子汉是谁呀？是你吗？是你呀！"

就在那一刻，我俩的角色完全调了个过儿，维克托指挥我开车回家去拿三片奶酪，这样的话，他的吱吱小调皮就能在这弱肉强食的世界里有点儿野外生存储备。来到河边，我们把盒子倒在地上。我原以为那只老鼠会赶紧跑开，把我们这些一度把它拿来喂蛇的人甩得远远的，它却坐在后腿上，坐得笔直笔直地看着我们，好像在说："哎，我们到这儿干吗来了？这个派对真是糟透了。"维克托说："这老鼠是怎么回事？它该不会是以为它是个人吧。"然后我喊道："**快跑吧，吱吱小调皮**。"最后吱吱小调皮冲我们耸了耸肩，似乎在说："算我倒霉，这群怪里怪气的家伙。"然后他慢慢地、摇摇晃晃地走进了杂草丛中。

第二天在大学里，维克托说："我想知道吱吱小调皮怎么样了？"我没忍心跟他说，对于一个上了年纪还有啤酒肚的白老鼠来说，那儿的生存环境简直就是"死亡街区"。我还有别的课要上，但维克托说他会先去我家，等我回去跟他玩儿。在去我家的路上，他在河边停车，向四周看了好一会儿，然后大喊："吱吱小调皮！"

结果那只该死的老鼠竟然真的摇摇晃晃地从杂草丛中爬了出来，然后坐在了维克托的脚上。

这事是真的。

维克托徒手把它一抱，就把它带到我家里去了。当我妈妈开门时，维克托看起来可怜极了，抱着一只秃顶、肥胖、昏迷不醒的老鼠说："我们能养它吗？"

老实说，这问题换任何一个人去问，我妈妈都会说："不行，你想得美"，但这是维克托第一次向她提要求，所以她叹了口气，耸了耸肩表示同意。维克托就是这样当上父亲的。吱吱小调皮也就成了我们真正救助的第一只宠物，从那以后他一直幸福地同我们生活在一起，直到几年后因为年事已高永远离开了我们。严格说来，拿它去喂蛇的是我们，把它救回来的还是我们，相当于我们把它从我们创造出来的险境中拯救出来，但总的来说，我觉得这也能算得上是一次救援吧。

也许有人会说，这大概就又是一个老鼠找软柿子捏的陈词滥调，而维克托则是个技术不过硬的花衣魔笛手，但在我们的社区里，真没多少只像它那样掉了半条尾巴的胖白鼠，所以我对这种说法表示怀疑。*

二

我们还在约会的时候，维克托逐渐对爬行动物产生了一种迷恋之情，他会在晚上开车带我去捉那些睡在乡间公路热沥青上的蛇。他会和它们玩上一会儿，然后再把它们放回野外。其中有一条是只巨大的食鼠蛇（它叫保罗），很瘦，身子骨需要调理，所以维克托驯养了它，还把它带到我们的朋友坎迪那里。坎迪怕蛇，但她想通过照顾一条蛇来消除她对蛇的恐惧症。那时候坎迪已经五十多岁了，她声名在外，一根接一根地抽烟，脏话张口就来，还有她常挂在嘴边的那句"看看你对我做了些什么，浑蛋"，每当你让她起鸡皮疙瘩的时候，不管是因为快乐、恐惧、兴奋还是什么，她都会说这句话。保罗第一次见到坎迪时，她戴着耳环，我猜那耳环看起来很像老鼠，因为保罗立刻从维克托的胳膊上弹起来，一口咬住了坎迪的脸。食鼠蛇没有尖牙，但我还是差点儿晕过去。保罗一直死死咬住坎迪的脸颊，就算维克托拼命扯它也不肯放开。我开始担心，它会不会像那些咬人的乌龟一样，只有被闪电击中才会松嘴。坎迪盯着维克托，她的脸上糊着一条蛇，说："看看你对我做了些什么，浑蛋。"

她和保罗成了最好的朋友，因为在咬脸事件之后，她意识到被蛇咬其实不疼，这治好了她对蛇的恐惧症。但这件事让我得上了恐惧症，一种害怕看到别人的脸被咬住的恐惧症。

三

在"吱吱小调皮"事件发生后不久，维克托收养了六只蜥蜴（巨大的、恶心吧啦的蜥蜴，能用它们又黏又湿的脚爬到水族箱的内壁上）。他的宿管不让他把蜥蜴养在宿舍里，所以维克托把它们带到我房间来了。他把它们安排在一个水槽里。他向我保证它们绝对不会打扰我，而且他还会带虫子给它们吃。本来我们还有可能彼此相安无事的，但是每天晚上我都会被一个婴儿的哭声吵醒，但是那时的我还没生孩子，所以我很确定那是一个幽灵宝宝在召唤拉罗罗纳[1]。而有时会传来类似于自行车喇叭的声音，或者像是有人在把一只尖叫鸡扔来扔去，幽灵宝宝听见之后就又开始哭了，我觉得我分分钟就要崩溃了。我叫维克托赶紧拿圣水过来，和亡灵来个通灵对话，但过了几分钟他就说："哦，那是蜥蜴发出的声音。我没跟你说过它们会大叫吗？"

没有！我要义正词严地告诉正在读这本书的你。他没告诉过我那些夜里才开始活动的、脚黏唧唧的蜥蜴会"大叫"。而它们就生活在我枕头边儿上的水槽里。他也没告诉我，那个水槽里满是蟋蟀和甲虫，它们能从水槽里跑出来，在我的房间里四处游走，还在夜里和蜥蜴们比赛谁尖叫得更厉害，就跟那些愤怒好斗的游行者一样，如果那些游行者也有个总是闷闷不乐还能发出自行车喇叭声的婴儿的话。这简直就是动物王国里的《班卓斗琴》[2]。我就是在那个时候让维克托把蜥蜴带走的。不幸的是，在我知道把我要得团团转的是那群蜥蜴前，我把其中一只蜥蜴放出来了，让它可以自由地在我的房间里游荡，这样它就可以吃掉那些从水槽里逃跑的虫子了。所以，即使维克托给蜥蜴们找了个新家，

---

[1] 拉罗罗纳是西班牙语 La Llorona 的音译，意思是"哭泣的女人"的意思，传说在拉丁美洲，一个被丈夫抛弃的女人因为悲伤和愤怒将孩子们淹死在河里，后自杀。因此这个女人注定要永远流浪，直到她找到孩子的尸体为止。

[2] 一首由亚瑟·史密斯写于 1954 年的乐曲，演奏时吉他和班卓琴之间一唱一和。吉他缓慢地弹奏出不合时宜的乐句，而班卓琴则用回敬以完全与之相称的乐句，之后斗琴的速度逐渐加速。该乐曲因为 1972 年的电影《拯救》而大受欢迎。

还是有一个哇哇大哭、发出自行车喇叭声的幽灵宝宝在我的房间里神出鬼没，寻找着那些嗓门儿毫不逊色但却叫得各有特色的虫子。我真害怕这些小家伙会在我熟睡时爬进我的耳朵里。我现在就想知道，这一切是不是维克托早就计划好的，因为没过几周，他就说服了我和他一起搬进一套公寓，这样我就能够逃离那个曾经是我的房间但后来变得鬼怪丛生的可怕的蛮荒之地了。

四

　　和我们一起搬进新公寓的还有毛茸茸的、像球一样的达拉斯，它是维克托前女友的猫，每一个细胞里都喷涌着愤怒。达拉斯被它的上一任主人给赶了出来，因为它暴力攻击了主人的每一个室友，那些可都是人类啊，体积至少有它的 20 倍大。它是只波斯猫，通体洁白，除了脸上挂着的泪珠是黑色的，还很酸，看起来就像是它的睫毛膏在无休无止地往下流。如果你

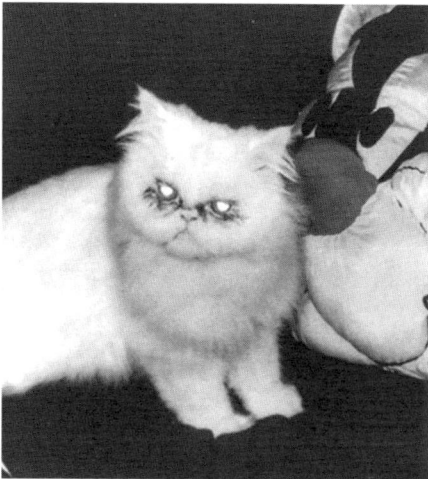

达拉斯（这是它休息时候的一脸凶样，看起来总像是正在用意念纵火中。）

干了件对它来说带有挑衅意味的事，它就会对你咆哮，比如你坐在了沙发上，或者是对上了它的眼神，或者是你在呼吸。

有一次达拉斯在挠一把椅子，维克托说："伙计，别把家具弄坏了！"达拉斯就用后腿站了起来，像女妖精一样喵喵叫，然后向维克托猛冲了过去。维克托撒腿就跑，毫不夸张。他为了躲开一个毛茸茸的白猫，把自己反锁在我们的卧室里。这一套动作之后他才意识到，作为一个成年男子，还是黑带选手，他被一只泪痕斑斑、长得像丽莎·明尼里[1]的小猫吓得落荒而逃。

几年后，我们租了我们的第一栋房子，那是一座有着百年历史的小房子，但是为它做装潢的可能是个精神病人。有几个房间从地板到天花板都被漆成了血液干掉的颜色。房子的地基有了很严重的沉降，如果你把一个球放在厨房的地板上，它就会一路滚向大厅，弹跳着滚过浴室，速度越来越快，直到碰上客厅里亮白色的地毯才会停下来，就好像是让一个鬼给踢了一脚。这地毯的颜色竟然是毫无实用性的纯白色，就连鬼魂也会吃惊的。

那时的达拉斯已经成熟了一点儿，偶尔也会让我摸摸它，但它仍然憎恶所有的男人，每次看见维克托碰我，它都会冲维克托咆哮。如果它觉得维克托睡觉的时候和我靠得太近，它就会在距离维克托脸几英寸的地方瞪大眼睛，小声地咆哮，直到把维克托吵醒。这有点儿像是在和一个嫉妒心很强的前任同居，维克托

---

[1] 美国著名女歌手、演员、舞蹈演员、电视节目主持人。

会提醒达拉斯："伙计，你是我的猫。我可是你的救命恩人啊。"但是达拉斯只会龇牙，然后它的左牙会被嘴唇给夹住，于是就会发出可爱又凶狠的咆哮。"**打倒父权制！**"它似乎在这么小声说着。它真是个时代的弄潮儿。

　　一天早上我醒来闻到一股可怕的味道。维克托不见了，达拉斯躲在床下，客厅的地毯仿佛一夜之间变成了豹纹图案。仔细一看，我发现地毯上棕色圆形的斑点都是屎。显然达拉斯在晚上钻进了垃圾桶，吃了好多西瓜。我都不知道猫竟然喜欢西瓜，但后来我发现用它治疗猫的便秘很有效，因为对猫来说西瓜就跟泻药差不多。如果吃得太多的话，就会引发一场猫屎大爆炸。达拉斯那喷泉一样的腹泻，糊在了它又白又长的毛上，于是它就试着把整栋房子当作厕纸来擦屁股。白地毯上到处都是它留下的印记。它还用上了房子里其他地方铺的瓷砖，拖着屁股在地上涂抹绵长的书法，有点儿像是一个疯子给我留了句恐吓的话，虽然难以辨认，但那用屎写的草书看起来真的很优雅。

　　接下来一整天的时间，我都在努力擦洗房子每一个表面上被达拉斯屁眼涂抹过的痕迹。我打电话向维克托请求支援，他告诉我，他去上班时目睹了整个灾难现场，但他当时快迟到了，而且他确信我自己能应付得过来，毕竟达拉斯只认我这个主人。维克托是个胆小鬼，这一点毋庸置疑，但在某种程度上他还是出了力，因为维克托走之后，我擦地板用的是他的毛巾，然后我还把那只可怜猫屁股上的毛都给剃光了，用的是他的电动剃须刀。

我想说的是，作为婚姻里不断将古怪动物带入我们生活中的那个人，我必须得处理各种各样的破事（在某些情况下，我似乎还经常和屎打交道），但严格说来，我只是在奋力捉住所有维克托（还有生活）向我扔过来的古怪动物而已。事实上，就在上周，我刚被一只活松鼠击中了脑袋，就像是上帝给了我一条可怕的神谕。

我猜那只松鼠是从一棵大树上掉下来的，它砸我的那一下力气太大了，我真的很担心自己会脑震荡。我觉得被一只想要自杀的松鼠砸死了，这种死法儿还挺尴尬的，但至少这会给犯罪现场调查小组留下一个难解的谜团，因为**我头顶上连一棵树都没有**。松鼠震惊了好一会儿（您难道还没弄明白哪，赶紧的），于是我想它怕不是会成为我的新宠物吧，但后来它摇了摇头，大步流星地溜了。我想，这也许是一个精心策划的谋杀，只不过失败了，因为凶器自己跑了（也就是那只松鼠）。后来我爸告诉我，猎鹰和猫头鹰们经常会抓起松鼠、蛇啊之类的小零食，然后带着它们飞回巢穴，有时候它们挣扎得太厉害了，所以在半空中被放走了，这小零食也就自由落体掉回地上了。我猜这就是为什么西部电影《飙风战警》里的女人们总是打着阳伞。在那个年代，鹰啊，还有其他什么难缠的动物可能比现在要多多了，而且冷不丁地被一只松鼠砸中可一点儿也不好玩儿。但我想，如果有只鸟把一条活蹦乱跳的蛇丢在你头上，那你的早晨可真算是被毁得彻彻底底了。

维克托指出，松鼠炸弹案的始作俑者极可能就是猫头鹰奥利·麦克比尔，可能真是这么回事。维克托把它解读成了某种示威，但我十分肯定，它不过是在向我报恩，它想用分享晚餐的方式还我给它留零食的人情。也可能它只是想告诉我，它吃不了我留给它的那半碗通心粉，就像我吃不下一只活松鼠一样。正因如此，我才把给它的零食换成了灌饼。毕竟，它能用这么聪明的方式教导我、关心我，还和我分享它的零食，它真是一只优秀的宠物。

所谓人生，我想，就是要去面对生活一股脑儿向你砸来的各种事情，不管是什么。你可以去纠结猫的腹泻、老鼠掉的尾巴，还有松鼠炸弹，或者你可以去赞美，去称颂那个给你的人生带来意想不到惊喜的神奇魔力，让你可以对那些可爱的毛茸茸（或者长着鳞片）的脸想挠就挠。我知道我会选哪一个。

现在，如果你不介意的话，我要把一些小号溜冰鞋从铁丝栅栏上扔过去了。

◇

*我才意识到这个故事听起来非常荒谬，但那些稀奇古怪的动物总是能用各种稀奇古怪的方式让人忍不住想要收留它们。有一次，叔叔待在他家后院，一转身，突然发现了一只瞪大双眼的鹦鹉正悄悄地跟着他。它就那么跟着我叔叔在院子里转悠了

三十分钟，就像是它刚找到了亲生母亲一样。当我叔叔想把它赶走时，那只鸟很夸张地笑了一下，然后尖叫道："**怎么了，塔基多！**"随后它跟着我叔叔进了屋子。叔叔贴了张"**有人丢了一只鹦鹉吗？**"的寻主启事，但没人回应，然后塔基多就成了我叔叔日常生活的新伴侣。有时候，你的宠物会主动来找你。

我们就是我们，直到我们不复存在

　　我喜欢有关我家人的故事。这就是为什么我把它们写了下来。我从亲戚那儿收集故事，然后和妹妹一起整理剪贴簿，上面有我们从未谋面的祖先的老照片，还有世代相传的故事。其中有一些很美，有些很有趣，有些是悲剧，有些是谎言，有些则丢失了。

　　这是我开始研究家谱后才发现的。我做了DNA测试，加入了家谱网站，在网站上你可以分享信息，找到那些人口普查表和死亡证明背后的故事。有些人研究家谱是因为他们想知道他们有没有什么祖先特别有名，但我已经知道我的家族不大可能出过什么名人。我的家族里大多是农民，但我们的故事也同样有趣，只要你找得到的话。我母亲的祖先来自爱尔兰和英国，但那实在是太久远的事情了，我还是通过我的DNA测试结果才知道的。我父亲的家族是在上几代的时候从波西米亚移民过来的，所以对他们坐船到纽约之前发生的事情我一无所知。如果我的祖父母还活着的话，我可以请他们翻译一下我找到的几份捷克语文档，但他们已经去世了，所以，很不幸，他们的故事也随风而去了。

维克托完全没研究过家谱，是因为1）他不在乎；2）他的一个亲戚已经研究了维克托的家谱，发现维克托的祖上是乘五月花号轮船来美国的，而且根据记录，他还是蠕虫伯爵的后代（这是有史以来最荒谬的头衔，可我还是有点儿喜欢它）。他的家族有一个盾形徽章，是一只天鹅在自己的胸口上啄出了一个血孔，就为了用血喂养自己的宝宝，下面写着**"饮我即可长生不老"**的字样……首先，你不该这么喂天鹅，如果要我说实话，这句话听起来很像吸血鬼。

如果我的家族也曾有过一个盾形徽章，上面画的可能就是些乱七八糟的东西，还有很多拖拉机，不过我现在仔细想想，这些素材还真有可能被写成一首很棒的乡村歌曲呢。

我开始搜寻我的家族史，是因为我的外婆，也就是我妈妈的妈妈。她很可爱，很善良，而且很搞笑（有时她甚至不是主动搞笑）。她还患有痴呆症，那些让她与众不同的东西正在这几年来慢慢消失。当她第一次被诊断出痴呆症时，她把她的老照片给了我和我妹妹，给我们讲了她童年的故事，这样它们就不会被忘记了。包括她最喜欢的时光。她年轻的时候，把农活做完了，可以带着午餐、她的枪还有一本书，骑着自行车寻一个安静的地方看书。有一次她和姐姐伊迪吵架，然后她把伊迪的一套瓷器给埋了，她从没承认是她干的（直到她告诉我们）。瓷器直到今天还被埋在那个农场里。

她讲了很多关于她曾外祖母的故事。她其实并没见过她曾外祖母，但是每当她提起曾外祖母时，她的母亲就会大发雷霆。根据家族传说，曾外祖母是印第安人，她丈夫（一位骑马四处布道的牧师）用一堆兽皮把她从她父亲那儿换了过来。不久他就死了，因为他的马撞上了铁丝网，然后那个没有名字的女人也不见了。

外婆说，她姐姐背上有一个鸟状的胎记，而外婆在同一个部位也有一个胎记，但看起来像是一只断了翅膀的鸟。当她向妈妈问起这些胎记时，她妈妈告诉她不要再提这些胎记的事了。不知怎么的，外婆认为，这些事情之间一定有着什么千丝万缕的联系。也许胎记是她身世的象征。我不确定是因为刚患上痴呆症，还是源自她一直以来的固执个性，但她的确对她的身世开始着迷，所以我的外公开始了研究，我妹妹和我一起帮忙。

我外婆的DNA测试结果里发现了一些印第安人的DNA，但没有你想象得那么多，毕竟很多印第安人都不想向大公司透露他们的DNA（这不难理解），所以有些部落和家族的DNA并没能得到收录。我在各种记录和图书馆里翻了一年多，才找到她DNA结果中显示的那些印第安人祖先，那些记录通常都以"未知切罗基女人"结尾。有时我也能发现些有趣的故事，比如我的曾曾曾曾曾曾外祖母一直是肖尼部落的一员，直到她父母被一个敌对部落的人杀死。根据记载，在被切罗基人收养之前，她和她的兄弟姐妹都快饿死了。当我和外婆分享这些故事时，她的反应总是一模一样。"好吧，看在上帝的分儿上，珍妮姑娘！"然后她会停顿一下，把这些信息消化一下，然后问我有没有发现有关她曾外祖母的任何情况。

我的确发现了点儿。

但问题是，我从记录上找到的那个疑似她曾外祖母的女人，在人口普查表上登记的是白人。我找到了这女人的牧师丈夫和他的坟墓，发现她在丈夫死后失去了她的财产，因为她找不着他们土地的契约。然后她的存在就此戛然而止。我在家谱网站里发现其他人的评论（他们显然是我的远亲），他们在评论区表达了他们的困惑，因为他们听到的故事和我外婆听到的一模一样。

我不知道真相。也许那个女人的确是个印第安人，但由于当时的种族歧视，所以后代都讳莫如深地说她是白人。也许记录有误（记录本来就经常出错）。或许是她身上还背负着一个其他的什么秘密，所以家里人就编故事说她是印第安人，这样外人就不会提起她，这家人也就不用面对当时的偏见了。我还没能找到那个秘密是什么。我还在搜寻。

但在搜索的过程中，我发现了许许多多的故事，它们拼成了我家族的生活，尽管想要讲透我的家族，仅靠它们可是远远不够的。

在这些故事里，对我影响最大的人中有我的曾曾外祖母莉莉。我从没见过她，但当我翻阅起她的档案时，我发现她于50年代离世，就死在离我长大的地方不远的一家精神病院里。她的死亡证明书上登记的死因是心脏病发作，还有一个诱因是"精神病"。我想知道精神病是怎么导致心脏病发作的就问我妈妈，但在那个时代，像莉莉这样的故事都是保密的，是应该感到羞愧的，所以莉莉的故事就这么没了下文。我做了一些研究，找到了那个精神病院在当时开展的一些治疗方法。那时有电休克疗法，是一种至今仍在实践的疗法，也取得了一些很好的效果。但在当时，这种治疗还是实验性的，而且往往是残酷的。他们采用了"发烧"疗法，把病人的体温人工升高到——我不确定——可以把疯病给烧没的温度？他们采用了水疗，病人被强行绑在浴缸里，或是用高压软管对病人猛喷。他们采用了胰岛素治疗，病人因为低血糖反复昏迷。这些疗法非常极端，近乎野蛮，许多病人，比方说我的曾曾外祖母，都没能活下来。

那个年代还没过去多长时间呢，我本来也得待在那个地方接受治疗的。但我没有，因为好些事情发生了。因为疗法改进了。因为医生和科学家们一直在学习。因为精神病患者们有了更多的选择，也有了更多发声的机会，这很大程度上是因为我们现在可以谈论这件事了。治疗不会再在没有窗户的暗室里进行了。我们再也不大可能把饱受痛苦的人们给锁起来，对于精神疾病的耻辱感也正在消退。慢慢地，我发现我的家族往上追溯四代都曾有人罹患精神疾病或精神障碍。这种病不会消失，但治疗它的方法在持续改进。这给了我希望，对我来说也是个好消息，因为在我回顾我们家族的历史时，我找到了一些规律，这些规律预示的未来让我感到害怕。

莉莉的女儿（我的曾外祖母）善良、可爱、敢作敢当，却在我十几岁的时候患上了痴呆症。她知道自己会面对的是什么。因为她的母亲曾与精神疾病做过斗争。而她的丈夫在那之前的几年就被诊断出患有痴呆症，我们就那么眼睁睁地看着他逐渐遗失了自我。现在他们的女儿，我如此美好的外婆，也陷入了同样的迷雾之中。如果我们活得够久的话，很可能痴呆症会先抓住我妈，然后是我。如果你看得够仔细的话，这些就是你能从中总结出来的规律。

我外婆现在住在一个叫作"记忆机构"的地方。和她外婆所经历的治疗相比，那地方已经很不错了，甚至有点儿像是个度假的地方。我妈妈几乎每天都会去看她，每次都能待上几个小时，然后她晚上会给我打电话告诉我当天发生了什么。我们很幸运，因为哪怕外婆能记得的东西已经所剩不多了，但她大部分时间仍然很快乐、阳光和积极。从很多方面来说，她已经变回了一个孩子，我妈妈告诉我，尽管这是一种可怕的疾病，但能看到我外婆小时候的样子还是既古怪又奇妙的。

我外婆会去教堂做礼拜，唱她小时候唱的歌，唱得就和一个孩子一样大声。结束后，一起做礼拜的人对她说："乔伊，我知道你喜欢花生酱饼干，所以我给你带了点儿。"我外婆微笑着说："哦，天哪！我可能不知道自己的名字，但我知道我喜欢这些花生酱饼干。"

洗衣店有时会把她的衣服弄丢，所以我妈妈给她买了新衣服，用红色的马克笔写上她的名字和房间号，这样它们就不会被弄丢了。当我外婆看到这些衣服时，拿起一件写着自己名字的内衣说："哦，真是太棒了！现在，当我忘记我是谁的时候，我就可以脱下我的内裤，递给护士，然后说：'看，它可以告诉你，我是谁，我从哪儿来。'"我们认为她是在开玩笑。

开始的时候，她一想到自己已经失去了父母就很痛苦，或者想到她错过了他们的葬礼（她没错过），但不久前，她静静地问我妈妈："我的父母都死了，是吗？"我妈妈解释说他们在天堂里照看着她呢。她移开视线说："我想是的。如果他们还活着的话，他们肯定已经来把我接走了。"妈妈的心都有点儿碎了，随后我外婆大笑着说："他们可能在上面低头看着我说：'闺女，先把你的脑子整好吧！'"

上次我见到她时，她甚至不知道我是谁，但她见到我还是很高兴，她很清楚自己的病情，用她浓重的得克萨斯口音对我说："看在上帝的分儿上！我不记得我是不是被开车撞到过。"然后她大笑，我也大笑。

她还在那儿，在某个地方，但她越来越飘忽不定了。昨天她和我妈妈玩宾果游戏的时候，突然看不懂字母了。然后她安静下来，有点儿害怕，然后我妈妈说："我们出去走走吧。"她们静静地绕着院子走了一会儿，然后外婆说："哦，你是什么时候来的？"于是我妈妈把那天她们一起做的事情都告诉了她，外婆慢慢点点头说："哦，是的。我想我刚刚离开了一会儿。"

"是的，"妈妈高兴地说，"但没关系，你回来了。"

她们都笑了。

"但是有一天，"我妈妈后来对我说，"她不会再回来的。"

是真的。她一点一点地失去了自我，失去了做那些能带给她快乐的事情的能力。我在家谱网站上发现了有关我们家族的新故事，我想和她分享，但应该早点儿来的。她对抽象的事情已经集中不了注意力了。但她很喜欢那些她童年的故事，她和我妈妈谈起了那个古老的农场和那些早已经逝去的亲戚。我妈妈给她讲她们过去的故事，而外婆的自我有时候在那儿，有时候不在，进进出出的。她有时以为我妈妈是她儿时最好的朋友，有时开始讲她爸爸妈妈的故事，就好像这些是刚发生的事情一样，有时候，连这些故事也会跟着不见。

我看着外婆，有时真希望我能帮她把掉落在身后的一片片记忆碎片捡起来交还给她，或者把它们安全地放进我自己的脑袋里。但我没法儿这么做。我只能尽我所能，把她的故事写下来，替她记住它们，我希望这就足够了。

我们很幸运——至少从目前看来——我的外婆在这样的逆境里仍是快乐的。她既坚强又脆弱。她固执，严格，甜美，搞笑，悲伤，困惑。现在的她，浓缩了她一直以来的样子，她改变了我的人生，激励了我，而且会一直激励着我。她有时会迷失，迷失在自己的脑海里，但当她回来时，她仍然是那个坚强的女人，为自己身上那个像是断了翅膀的鸟的胎记而骄傲。

我看到了她现在的生活和她外婆生活之间的差别。这给了我希望。我们越来越好了，慢慢地……或许太缓慢了。我们离完美还很远，但是我们在前人的肩膀上做出了努力，而且（我希望，上帝，我真的希望）我们能从他们身上汲取经验，然后继续进步与进化。他们的故事推动着我们向前，有好有坏，只要我们愿意倾听。

内向者联盟！

（但亲爱的可爱的耶稣啊，别让它在现实生活中发生。）

有人曾告诉我，内向型人和外向型人之间的区别在于，内向型人通过独处（像任何正常人一样）恢复精力，而外向型人则必须依靠与他人相处（像吸血鬼一样）。我和两个外向型人住在一起，这对我很有帮助，因为他们让我不至于变成一个彻头彻尾的隐士，但这也很糟心，因为他们完全无法理解生活在一个人满为患的世界里，我的身心是有多疲惫。

如果你上过网，那你可能做过一些"你是个内向型人吗？"的小测验，但跟你说实话，我总觉得他们设置的选项和现实差距太大。所以我决定自己创造一套测验题：

你和你的丈夫在一家旧货店里发现了一个很古老的短吻鳄标本，它还穿着一件芭蕾舞女裙，但上面没写价格。你会：

A. 让你丈夫帮你问价钱。

B. 当你的丈夫因为"反正你已经有太多死了的短吻鳄了"而拒绝帮你问价钱时，你毫无道理地感到心烦意乱。

C. 你把艾莉·麦格劳抱在怀里，但接着又把它放回货架，因为和店员说话——哪怕是想到要和店员说话这件事——感觉要累死了，所以现在你得回家了。

D. 叫你丈夫为你买下艾莉·麦格劳，因为你（故意）把钱包忘在车里了，在他还没发现上面没有价签之前，告诉他你拉肚子憋不住了，然后跑去洗手间。

你参加了一个聚会，但你认识的人还没到。你会：

A. 点一首好歌，开始跳排舞[1]。

B. 找一只狗和它说话。

C. 假装手机那头有人，大声吵架，这样的话，那些本来根本没注意到你来了的陌生人就会觉得你离开情有可原。

D. 这问题很难。你从不参加派对。

在超市排队时，你高中时暗恋的那个人排在你后面。你会：

A. 热情地拥抱他们，问他们为什么不来参加你每年都会组织的高中同学聚会。

B. 飞速地和他们打个招呼，接着马上假装你忘记了要买卫生

---

[1] Line dance，一群人站成一排或多排跳着已经编排好的重复的舞步。

棉条，然后匆匆离开。突然意识到你刚刚向高中的暗恋对象说起了卫生棉条。把所有的东西都扔到冷冻食品区，然后落荒而逃。

C. 把超市一把火烧了，然后把家搬到另一个州。

D. 不会发生这样的情况，因为你选择让超市送货上门，这样你就不用出门了。

一整天没人给你打电话：

A. 因为我已经给所有人打了电话。

B. 也许我的电话坏了？

C. 太好了。既然能发信息，只有怪物才会打电话吧。

D. 我只用我的手机下载关于水獭的视频。

你的邮递员按了门铃。你会：

A. 去开门。不然呢。

B. 假装不在家，除非他们在门上留下一张便条，说他们需要我的签名。如果是这样的话，迅速决定到底是现在去开门比较难，还是去邮局和那里的工作人员说话比较难。

C. 只有心理变态和杀人犯才会按门铃。突如其来感到恐惧，趴在地上，这样他们就没法儿透过窗户看见你了。保持这个姿势直到你听到邮递员把车开走。

D. 假问题。你已经关闭了门铃，门上有一个牌子，上面写着你得了狂犬病的罗威纳犬正在睡觉，不应该被打扰。

团队工作时，你觉得：

A. 这真是太有趣了！

B. 让我们把工作划分到个人，完成之后再碰面吧。

C. 我会一个人把它全部做完的。

D. 是的，长官，我抗议。

你的内心独白是：

A. 朋友越多越好！

B. 知音难求，一人足矣。

C. 我最好的朋友是书和猫咪。

D. 能让我清净一会儿吗，苏珊？

你梦想中的假期是：

A. 为期一周的音乐节，你可以尽情狂舞以及和陌生人睡在
一起。

B. 和几个朋友在乡下待一周。

C. 躺在床上看书，不做任何评论。

D. 这个测验真是累死我了，我讨厌做它。

如果你的答案大多是 A：你可能是我的丈夫。

如果你的答案大多是 B：你是那种最危险的内向者——功能型内向者[1]，可是我们这些恨不得离群索居的人根本做不到像你那样。我仍然爱你，尽管我快被你弄死了。

如果你的答案大多是 C：我在我的枕头城堡里给你留了个位置。但我这么说主要是因为我知道你不会来。

如果你的答案大多是 D：你就是我。并且，你很可能连想象一下这些社交场合都能累得够呛，所以我可以邀请你到我家做客，然后立即取消它，这样我们两个都会很开心，因为我们都为社交做了努力，但其实什么也不需要做。

内向型人各有各的特点，有时这会让人感到困惑。有些内向型人和别人相处得很好，但更喜欢独处。有些内向型人表面看起来很外向，或者能在短时间里装得很外向。而我是个超级内向的人，但在我感觉还不错的时候，我能让自己去参加会议或者去商店。我拒绝了很多别人会欣然接受的邀请。面试的话，我只参加那些同意用邮件沟通的面试，因为我知道，与陌生人打电话，哪怕是半个小时，也会让我一整天都精疲力竭。

我在这个镇上住了 5 年了，我有一个朋友。不是只有一个真正的好友但有很多熟人的那种。我只有一个朋友，我从没和这镇上与我没有亲戚关系的人吃过饭。对一些人来说，这可能看起来很悲伤，很孤独。但实际上，我感到非常幸运。因为有一个与我

---

[1] Functional introvert，指能够向外向型人身上学习外向型特质的内向型人。

毫无亲戚关系的人，当我在凌晨一点给她发短信说我焦虑症发作的时候，她（如果清醒的话）就会马上赶过来，陪我穿着睡衣一边喝盒装葡萄酒，一边看五个小时糟糕的真人秀。一个朋友已经很多了。比我在很多时候拥有的朋友数量还要多上一个呢。

事实上，在我人生的很多时期里，我最亲密的朋友就是我自己。在连我自己都觉得不想和自己待在一起的时候，这会让人有点儿伤心。但话说回来，这也是很重要的。我一个人待得太久了，让我不得不批评我自己，恨我自己，爱我自己，沉浸在自己的世界里无法自拔。所以我才能成为一个作家。有时候，我通过这些文章走出我宁静的房间，迈出我的安全区。有时候，它们是我写给自己的信，和自己交朋友是一件很艰难的事情，但这是你能送给自己最好的礼物之一。成为你自己的朋友意味着你要像对待你爱的人那样照顾你自己。这很难。但你必须这么做。

我觉得，我们总喜欢用我们参加过的聚会、去过的旅行或者发布的自拍来定义自己，要是在自拍里我们看起来不太开心，我们就会一次又一次地重拍，直到我们做作地拍出了完美的照片，我们希望当陌生人看到它们时，知道我们并不像我们害怕的那样孤独。

现在，当你读到这篇文章的时候，你孤身一人，你这美丽而又孤独的生物啊。但我在这里陪你。让我们一起分享这段话吧，即使你不同意我的观点，你却仍在倾听，所以我们已经深深与彼此联结。这么说来，我们并不孤单。我和你同在。

在这个联盟里，你甚至都不用穿裤子。

我的牙医讨厌我

"我这辈子都没长过蛀牙。"我自豪地对牙医说。三秒钟后，他说我有两颗蛀牙。

这是我没想到的（倒不是我经常使用牙线——谁会有时间干这个？），而是因为我以前的牙医告诉我，我睡觉时会磨牙（这并不奇怪，因为磨牙和焦虑往往是买一送一的关系），不仅如此，我总能神奇地刚好把蛀掉的那部分牙给磨掉，所以磨牙对我是有好处的。然而，就在今年，蛀牙赢了，而我甚至都不知道原来我的牙齿一直在和我较劲。我怪维克托，因为他总是叫我别再磨牙了，我猜他宁愿让我的牙齿都掉光，也不愿再听见我在梦里发出狂嚼通心粉的声音。

牙医向我保证，只要我乖乖待在那儿，他就能轻松地帮我把牙补好。我知道很多人都会照他说的去做的。但这些人都是不需要吃赞安诺就能出门看牙医的正常人，他们不会像我一样，直到今天才知道补牙需要往骨头上钻洞。

维克托（他刚刚洗了牙，没发现蛀牙，正坐在我身边陪我）认为我反应过度了，但我这是为了把牙齿留在我的头骨上，所以我很确定我做得没错。

坦白地说，我不明白修复蛀牙为什么要在你的牙齿上钻洞，因为蛀牙本来就是牙齿上的洞啊。我们最开始的问题不就是因为我牙齿上有洞吗？这么做听起来简直是毫无逻辑，极端至极，我很确定这肯定是个什么金字塔骗局，只会让我蛀牙上的洞变得更大，花更多钱才能修复。维克托想要让我平静下来，他向我保证补牙是不会伤到我的，并向牙医解释说我只是有点儿疑神疑鬼，因为几年前我拔智齿时的经历不怎么好。

"你当时有什么并发症吗？"牙医在准备器械的时候问我。

"是的，"我承认，"我的家被小矮妖们入侵了。"

"上帝啊，"维克托说，"那不是真的。"

"嗯，差不多就是这么回事，"我解释道，"手术挺成功，但后来那些药让我恶心得不行，所以在我上车准备开车回家的时候，我吐在车窗外面了，那个牙医助理不得不跑出诊所，在停车场里给我换纱布，而我当时表现得像个十足的白痴。这很像是又回到了大学时代，只不过多了个牙科助理。"

"上帝啊。"维克托喃喃地说。

但后来我回到家就睡着了，维克托半夜把我叫醒，告诉我有人在我们家门口鬼鬼祟祟地溜达。我问："是有什么'东西'

在我们家里鬼鬼祟祟地溜达吗？会不会是小矮妖？"他说："不是，是个醉汉。有人在**屋外**。"然后他抓起防暴枪就跑了出去。我坐在那儿想，他是永远也不可能射到一个小矮妖的，因为那些小家伙太灵活了。所以我找到电话，拨了"9"和"1"，决定等听到枪声后再拨另一个"1"，然后我就看到维克托把一个沉重的箱子拖了进来。原来是邻居帮我们签收了个包裹，顺手放在了我们的门廊上。结果我按了电话的"记录"键，又按了个"1"，所以我不小心给自己手机的语音信箱留下了一条古怪的语音信息，含混不清地在说着什么小矮妖。

然后维克托瞪了我一眼，这意味着我应当立刻闭嘴。但已经太晚了，因为我完全陷入了紧张的胡言乱语中。我没办法停下来，所以我决定换一个话题，于是我问牙医他有没有多余的人类牙齿可以给我。

事后再看，我意识到这个话题选得真不怎么样。但我解释说，如果我是一个牙医，我会把我拔掉的牙齿都埋在后院的一个洞里，也许一百年后有人会把它们挖出来，他们会说："天哪！这里肯定住过一个连环杀手！"如果真是那样就太好了，因为给陌生人的生活增添神秘感是件很有趣的事情。而我就是这样一个喜欢给予的人。我解释说，一条由已经石化的耳朵穿成的项链会更棒，但是牙医盯着我说，他不拔耳朵（我知道，哥们儿，我只是想和你礼节性地寒暄一下）。他告诉我，他没法儿给我一罐陌生人的牙齿，但他曾经认识一位牙医，他把人们不想要的牙齿做成了珠宝，我想我可能可以和那个牙医交个朋友。但是我们可能会为了争夺牙齿而打架。

我坐在椅子上，牙医开始忙活起来，我对这样的安静时刻感到很不舒服，我一直在想着连环杀手和小矮妖（大家可千万别一直想啊），所以我说："你看到我嘴里的那些球了吗？"

奴佛卡因[1]已经开始起作用了，我的舌头也已经麻了，而且我的嘴里还放着一只手，所以我的牙医把手从我嘴里拿了出来，因为显然他以为他听错了，我接着说（非常大声，努力驾驭那根麻了的舌头）："**我刚还嚯，你看浩我回里的猴了吗？**"

让我先停下来解释一下吧，这真不是我的错。我的牙科保健师在给我洗牙的时候提到了"嘴巴球"这回事，所以我以为这是一个对牙医来说再平常不过的话题，但它显然并不是。给我洗牙的时候，保健师给我做了 X 光，还给我看了一张我口腔内部的片子，因为她觉得特别有趣。在你下颚的下面——也就是你舌头歇着的地方——有些人在那儿长着两块圆球状的下颌骨。你可以用舌头沿着你的下颚感受一下。我一直以为每个人都有，但她解释说，很少有人长着这样的颌骨球，所以能发现它们总让她觉得有趣。这在医学上不是什么需要担心的问题，也让我得到了些许安慰，因为这样一来，我就能很确定我不是胖，我只是骨头比较重。千真万确。嘴里的骨头。

---

[1] 奴佛卡因是普鲁卡因的商标名。普鲁卡因是一种局部麻醉药，最常用作牙科手术中的麻药。

牙医盯着我看，试图解读我说的话，然后他说："嗯？"我冲牙科保健师使眼色让她帮我，然后指着我的嘴说："我回里有猴吗？"她茫然地盯着我看，仿佛我看起来比平时还要疯狂。然后她惊呼道："哦！"然后用拉丁语说了些什么，要么是代表我嘴里球的技术名词，要么是"我觉得这个人疯了。赶紧把保安叫来"。

然后牙医说："哦，当然！嘴里有两个大球，让我看看。"他仔细看了看我的舌底："哦，是啊，很酷，它们就在那儿，"他耸耸肩，"我还见过更大的。"

这听起来有点儿轻视我，坦率地说，我觉得有点儿失望，他从其他人嘴里看过令他印象更深刻的球，但我想，也许他是想让我觉得自己不是一个怪胎，我感到了些许安慰。他解释说，有些人嘴里长的球太大了，他们必须去找专家把它们给取出来，这听起来有点儿太私密了。我开玩笑说，我唯一需要从嘴里拿走的东西就是脚。他又开始用奇怪的眼神看我了。维克托清了清嗓子，赶紧跑去付账。直到现在我把这些全都写出来了，我才意识到我应该说把"我的脚从我的嘴里"拿出来，因为我总是说些可笑至极的话[1]。说自己需要别人帮我把"嘴里的脚"拿走，让我听起来像是个有恋足癖的变态，而且嘴巴还大。这完全说明了我有口不择言的问题。我想对我的牙医，还有那些认为我现在正在抨击他

---

[1]　把你的脚伸到了嘴里（Put your foot in your mouth），意为"口不择言"。

们的恋足癖说，我没有。信不信由你。我真没抨击。我嘴里可是有两个巨大的球啊。造成这样的局面，我们当中没一个人是无辜的。

所以长话短说……今天我有了两颗蛀牙。虽然严格说来，我身上有很多蛀牙，因为"蛀牙（cavity）"这个词在英文里也有"洞（holes）"的意思，所以我的整个身体几乎到处都是洞。事实上，我最喜欢的一些身体部位就是洞。我想我的意思是，也许我们应该接纳自身的孔洞[1]，不要再找陌生人去填满它们了。尽管我猜我的牙医其实并不算是个陌生人，而我也的确付钱给了他让他填补我牙上的洞，所以我可能应该把这句话重新措辞一下，因为我现在觉得这么说有点儿下流。维克托说，我们现在得换一个新牙医了。这太荒谬了，因为当着专业人士的面做了件让你觉得羞耻的事情，它最大的好处是你除了硬着头皮面对之外别无他法，你不用担心自己能不能保持光鲜亮丽的假象。在那个看过你嘴巴里球的人面前，你根本做不到这一点。这些都是人生最基本的道理，但从来没人教过你。

◇

*特别是我的耳洞。你的想法还能再龌龊一点儿吗？你这个怪人。

---

[1] 作者把 holes 用在这里的本意是"缺陷"。

我还活着吗?

医生给我打了个电话,她说我的肺结核检测结果呈阳性,这很奇怪,因为我从没问过她我得没得肺结核,我也没有任何症状,所以我不知道她到底是打错了电话,还是她的医术真的非常非常高明。

她说:"我们需要你今天过来一趟,这样我们才能再给你测试一次。""……来检测我有没有得两个肺结核?"我问,"上帝啊,现在情况怎么越来越糟了。"我想,我还是在她告诉我我已经死了之前把电话给挂了吧,但她很快解释说,可能是一个假阳性,所以我需要重新检查一次。

这种事对我来说并不罕见。得了一系列慢性病的一个副作用就在于,用来控制疾病的治疗有时比疾病本身对健康的损害更大。如果不治疗的话,我的类风湿性关节炎会让我疼痛难忍,发作时我就只能坐上轮椅被推进急诊室。那种疼痛和分娩痛难分伯仲，唯一的区别在于，你不会生出一个孩子，而会被当成一个瘾君子。因为你需要一种麻醉剂来止痛，那是你知道唯一有用的。你很快就被贴上了"求毒者"的标签（急诊室里对"瘾君子"的简写），这一点我很难去反驳，因为我需要的东西的确是麻醉剂。还因为我确实对那种没有痛苦的感觉上瘾。我就是那样的人。

几年前，我找到了一位风湿病学专家，他告诉我我可以不那么痛，然后开始每个月给我注射生物制剂。它们贵得要命，还有很多风险和副作用，但现在我的类风湿性关节炎已经好多了。我好几年没坐轮椅也没去急诊室了。我也不用再吃止痛药了。有时我真希望我能再回一趟急诊室，告诉他们我说的是实话，我需要的是帮助而不是评判，但我是不会这样做的，因为我知道他们只是在完成他们的工作，而且他们可能已经因为我在痛得要死时冲他们说的话对我申请了限制令。

能用上这种药我真的是非常幸运，因为我的曾祖母也有类风湿性关节炎，她在我这个年纪时只能坐轮椅了。然而，药物治疗并不完美，而且还给人带来了各种各样的破事。去年我被诊断患有药物性红斑狼疮，它和普通的红斑狼疮差不多，但它是我自己找上门来的病。我本来可以选择不吃药的，但我感觉类风湿性关节炎比药物性红斑狼疮更糟糕，所以我坚持了下去。这种药也会让你的免疫力不足以对抗各种疾病，比方说肺结核，如果你吃了这种药，肺结核就不再是一种可以简单治愈的病了，它会变得超级致命。这就是为什么医生总是在给我验血，这也是为什么我必须去医院做检查，看我是不是快死在肺结核手里，要知道我最后一次听说这个病还是在电视剧《草原小屋》里。

维克托在考虑将房子里我摸过的所有东西都付之一炬时，几乎没表现出丝毫的同情，所以我发了条短信给一个更有同情心的朋友，他说："天哪，你得了肺结核？！"我回答说："好吧，血虫就是这么说的。"他说："**天哪，你还感染了血虫（blood worm）吗？你怎么还能活着？**"我困惑了一分钟，直到我意识到我的手机把"血液检查（blood work）"自动更正成了比"血液检查"更可怕的东西。但凭我的运气，是的，我可能也得了血虫。

在这里插一个不是脚注的小脚注，因为它太长了：去年，我们全家人都得吃驱蛔虫药，是因为我们家里有个人可能感染了蛔虫，所以我们都得吃药。但我到处都没买到这种药，最后海莉就直接跑去我们家附近的药店，一家一家地问药剂师有没有驱蛔虫药，因为她根本就不会因为蛔虫难堪——实话实说，我觉得她不是我女儿。也许在读这篇文章时你会因为我们得了蛔虫病而评判我们，但首先，大多数得了蛔虫的人甚至都不知道他们得了蛔虫，所以你现在就可能得了蛔虫。而且它们非常常见，常见得令人震惊（尽管当我们说要买驱虫果汁时，还是有几名店员用惊恐的眼神看着我们。当然啦，用果汁去描述那种你必须喝下的液体并不是很恰当）。它们就像是屁眼里的虱子，而且孩子们经常得。蛔虫真是太普遍了，所以要是你家里有一个人被怀疑得了蛔虫病，那干脆全家人都一起治，因为蛔虫到处都是，这显而易见。大多数时候你甚至都不知道它们在哪儿，因为它们通常都在你体内待着。我自己就从没见过蛔虫，但这什么也说明不了，因为也许我的蛔虫也很宅。你也不能基于我有蛔虫病来评判我，因为我没有蛔虫，因为我喝了驱虫果汁。我很干净了，所以你就积点儿德吧。

我不知道我们一开始是怎么感染上蛔虫的，但我怪猫咪，因为那几只浑蛋的屁眼蹭过这房子的每一个表面上，包括你的枕头和键盘。如果你觉得你的猫没这么做的话，那可能是因为你没有一个玻璃咖啡桌，你不需要每天把它们留在桌子上的印子给擦掉。那是它们的指纹，黏糊糊的指纹。我的医生说，猫可以感染蛔虫，但不是人也会感染的那种，这让我松了一口气，因为我不想给那三只愤怒的猫喂驱虫果汁。告诉维克托他需要喝一小杯的驱虫果汁已经够糟糕了，这件事没办成，结果还让他想把房子一把火烧没了，这很奇怪啊维克托，因为蛔虫们不住在我们的房子里。它们住在我们的身体里。

而且，自动拼写检查一直告诉我蛔虫这个单词不存在，我能理解你的怀疑，自动拼写检查，但它们不会仅因为我们希望它们不存在而真的不存在。

天啊，我被蛔虫搞得心烦意乱。不好意思，这一章不是写蛔虫的。是写肺结核的。蛔虫也不会是从猫屁眼那里得上的，医生说，事实上，她说肺结核主要是从监狱或者学校得的，如果让我说实话的话，这两个地方几乎没什么差别。

不好意思。回到肺结核上。

我去验血，做胸部 X 光检查，但护士扎了我好多次都没扎对地方，她似乎有点儿筋疲力尽了，我向她保证，这种情况太经常发生了，因为我的静脉太细了，还特别滑，让你摁不住。但这也能算是一件幸事，正因如此，我就没办法注射海洛因了，她轻松地说："哦，你总能找到办法的。如果你真的想要海洛因，你肯定能做到的。"我回答说："你是在鼓励我尝试海洛因吗？因为我其实没想这么干。"然后她说："不，我只是说，如果你真的想要海洛因，你总能找到办法得到它的。"接着我说："所以是我想要海洛因的欲望还不够强烈？你是在评判我吗？"她表示肯定，但也许不是因为海洛因。我猜她针对的是那些个想要海洛因的"你"。

我为自己的胡言乱语向她道歉，告诉她可能是肺结核让我头昏脑涨的，她很理解我，但当她解开我手臂上的橡皮止血带时，止血带卡住了，于是她用力扯它，结果因为太使劲了，一拳打在了自己脸上。她一屁股坐在地板上，就在我面前，捏着她的鼻子止血，然后我的医生从门口走过，我举起双手说："**这不是我干的。**"回想起来，我这么说反而更让人怀疑。

长话短说，理所当然地我得了肺结核。别人收集毛绒玩具豆豆娃，我收集疾病。我问医生能不能叫它"消耗（consumption）[1]"，

---

[1]　consumption 也可以用来指代肺结核。

因为 TB（肺结核的缩写）听起来像是在高中时让你在拖拉机里失去童贞的人的名字。她说可以。但我觉得不论我说什么，她都可能会说可以，因为**我马上就要因为"消耗"而死了**。

然后，她告诉我说我不会死，但我很确定我会的，因为消耗杀死了霍利迪医生，而且他可是个医生啊。她告诉我霍利迪医生是个牙医，尽管我不愿意被人纠正，但我认为这是个好兆头。因为她告诉我我弄错了，因为通常当人们真的快死的时候，你只会富有同理心地任他们做蠢事，反正他们在地球上剩下的时间也不多了。

原来肺结核并不那么罕见，很多人得了肺结核都不知道自己得了（这很像蛔虫病），因为通常它不会有任何症状，除非你在感染活跃期。幸运的是，我的肺结核现在还没什么动静，所以说它和我一样懒惰。我肯定是在什么时候接触了一个处在肺结核感染活跃期的人，而我现在也带着它到处乱跑，同时带着的还有我根深蒂固的怨恨，矛头指向的是所有在初中时对我刻薄至极的女孩。

我没有传染性也没生病。但是，它就在我这副免疫系统受损的躯体里，这意味着我有可能会成为伤寒玛丽[1]（或者是肺结核珍妮，因为我得的是肺结核），而且也意味着继续给我打治疗类风湿性关节炎的针将非常危险，因为它会抑制我的免疫系统。所以我没法儿继续用那个药，那个可以缓解我类风湿性关节炎的药，

---

[1] 美国已知的第一位无症状伤寒携带者，造成了 53 人感染、3 人死亡，因此被称为伤寒玛丽。但她坚决否认这一事实，也拒绝停止下厨（她是个厨师），因此两度被公共卫生主管机关强制隔离，最后隔离期间去世。

因为我的免疫系统已经被抑制得一不小心就能让我死于肺结核，而这病可能就是由于我的免疫系统太狗屎才得上的，我根本没办法抵御它。这就像是一个盛大的游戏，一个叫作"停下来，别再打自己了"的游戏，但你没法儿停下来，因为你的疾病和失调症就像多米诺骨牌一样，相互撞击，纷纷倒下，让你深刻地了解到在这种情况下还能保持体面是多么的微妙，多么的毫无可能。

我觉得这是个让人抑郁的想法，因为它的确会让你抑郁。事实上，当你病了、动不了了或者是痛了很久后，你通常会患上抑郁症。这会让你更难行动起来，更难为自己去争取，更难发现自己是值得接受那些似乎根本没法儿得到的药物和治疗的，即使它们通常会在拯救你于水火的同时让你慢慢死去。然后你的体重就会增加，因为动起来会很痛，接着人们会告诉你，你所有问题的根源就是你的体重，然后你就想在他们所有人的大腿上猛刺一刀。你的病太多了，所以你都忘了自己得了哪些，Facebook 上的每个人都说："我打赌你只是对麸质过敏"，或者是"你试过祈祷吗？"，或者是"有没有测试过（把一百万个能杀了你的东西填在这儿）？"

坦白讲，他们说得没错，因为很多人都来问我是不是得了桥本氏病 [1]，因为桥本氏病会导致抑郁、关节痛还有很多我一直在

---

[1] 一种甲状腺逐渐被损坏的自身免疫性疾病。早期症状不容易被注意到，随着时间的推移，有些人最终会发展为甲状腺功能减退，并伴有体重增加、疲劳、便秘、抑郁、脱发和全身疼痛。

奋力对抗的健康问题。所以当我去拿验血结果时，我问了我的医生，她说："是啊，你当然得了桥本氏病。你得了很多很多病呢。"然后她耸了耸肩，继续对我其他的毛病如数家珍，这句话差不多是对我一生的总结。

幸运的是，有一种药可以让你体内的肺结核病不至于突然把你给弄死。如果连续把这种贵得要命的药用上九个月，我就能安全地继续打针了，它能让我不再有类风湿性关节炎的症状。治疗肺结核的药让我犯恶心，还弄坏了我的肝，所以我整整九个月都不得不戒酒。在暂停注射的几个月后，让我变瘸的类风湿性关节炎又复发了，我才记起来它是有多么的可怕。我坚持做肺结核治疗，它给我带来的是自讨苦吃的呕吐感，以及真金白银的清醒。说这些是为了向你展示，我类风湿性关节炎到底有多严重，以及为了能再用药我愿意去经受的一切。讽刺的是，肺结核治疗伴随类风湿性关节炎复发的时候，恰好就是你最想喝伏特加的时候，而9个月是一段很长很长的时间。通常情况下，如果你九个月不喝酒，最终你会生出个孩子，但我得到的只是更少的结核杆菌。

但我还是做到了。我为自己的努力而骄傲。这么长时间以来，我是第一次感到如此的健康，但就在这之后，我发现我失血过多。

但我已经把这写在另一个章节里了，这是一种解脱，因为我感觉我们需要喘口气。可能还需要一点儿血和伏特加。

很多很多伏特加。

婚姻长久的秘诀

曾有人问过我，我是如何在结婚 20 多年后还能保持幸福感的。复杂点儿的回答就是，我们并不总那么幸福。再说得简单点儿就是，因为我太懒了，哪怕是在我们婚姻最艰难的时候，我也懒得离婚。看吧，我"简而言之"的回答竟然还要更长一些，这听起来有点儿可笑，我得辩解一下，因为在我脑子里，那个复杂点儿的回答实际上还要再长一些，但我没能好好表达出来。这主要是因为我懒。

在我的书籍朗读会上，几乎每次都会有人告诉我，他们是有多喜欢书里我与维克托之间的对话，他们仍然在寻找属于自己的维克托（或者是珍妮）。接下来经常会上演的一幕就是，一个穿着写有"**维克托队**"汗衫的人会站起来，大声宣布："**维克托绝对是个圣人！**"

他真的是个圣人。

但他同时也是个大浑蛋。

这些词并不是非此即彼的关系。老实说，如果它们真是互斥的，那还挺糟糕的。如果你嫁给了一个圣人，你会因为自己像个普通人一样无理取闹而感到无比内疚，内疚连绵不绝，而且到最后，你会觉得你的伴侣被魔鬼附身了，因为没人能够一直保持完美。最合理的解释就是，这个被魔鬼附身的浑蛋正把你搞得晕头转向，这堪称完美。然后你就会背上强行给人驱魔的罪名被关进监狱，他们实在是太完美了，怎么可能不是恶魔呢。事实上，每当我对维克托发火的时候，我就会让自己多看看他积极的一面，让自己平静下来。有时我真的非常生气，我能想到的唯一积极的事情就是：至少他不是那种邪恶的梦淫妖 [1]，假装成一个完美的情人，就是为了让我放松警惕，趁机偷走我的灵魂。可能还真就是这样。

通常，当我被人们问起我们美满的婚姻时，我都会很高兴（因为婚姻的维系一点儿都不简单）。但我必须首先告诉你，我们这段婚姻之所以在你眼中美妙绝伦，是因为你对我们的了解仅限于我写下来的那些东西。因为坦率地说，婚姻里那些傻乎乎的事才最有趣，也才是我最想分享的。但是如果这让你觉得你的感情生活也必须这样，古怪、好笑，有着恰到好处的挫败感让你产生共鸣，最后还会有一个巧妙的结局收尾，那我真的是在害你。

---

[1] 欧洲传说中与熟睡妇人交合的妖怪。

因为这只占我们婚姻的 5%。在至少 50% 的时间里，维克托会因为地板上有空奶酪包装纸而大吼大叫，然后我会撒谎说我没有把奶酪包装纸扔在地板上，接着他就会叫嚷着说我在撒谎，于是我提醒他，严格说来我没撒谎，因为严格说来我把这些奶酪包装纸放在了厨房台子上面，然后猎人 S.汤姆猫把它们拿走了，因为它有囤积症，所以严格说来是猫把它们丢在地板上的。它是只明显需要接受心理干预的猫，不应该让它目睹爸爸妈妈在吵架，因为这种创伤只会让它的囤积症更加严重，维克托！然而维克托并不买账。他又在强词夺理了。但这也给了我一个强词夺理的机会，因为就在当天下午，他在沙发底下发现了所有我胡乱塞进去的空布丁杯子。

当然，这些只占我们感情的 55%，而另外的 45% 则充斥着无聊的废话、平庸的沉默、没人说话的午餐以及关于正常事物的正常讨论。（这句话的末尾我本来还加了一句"就好比说如果你有一个游泳池，养多少只水獭算太多"，但维克托说这可不算什么"正常"的讨论，所以我将它改成"比方说维克托真是小气，他的泳池连冬天都不准我们用。"维克托还是觉得这句话不够好。行吧。"比如要不要在屋顶上加排水沟"怎么样？维克托说他对这句话没意见，但我想特别指出的是，我们其实已经有排水沟了，但是里面满是泥土和树叶，所以已经有一棵树从排水沟里长出来了，这是真的。它是棵小树——差不多七英寸高——但它仍是……一棵树。就！在！我！们！的！排！水！沟！里！

维克托刚读了这篇文章，他立刻跑到外面去毁灭证据，而且还很生气："你为什么没清理排水沟？"我的回答是："排水沟可怕得要命，怕得我一开始就不想要它。你知道谁住在排水沟里吗？小丑杀手。我们当时还买了管子，想去抓小丑杀手。**多好的选择。**"然后维克托指出，小丑杀手藏匿的排水沟是那种下水道排水沟，如果我认为小丑杀手可以藏身在我们屋顶的排水沟里，那就太荒谬了，但是，现在我们的排水沟里还长着一棵树呢，所以我认为世事难料。另外，我们都已经知道小丑杀手是很玄幻的，他们可以随意消失，生活在水槽里，所以我很确定他们也可以把自己变小，藏在屋顶的排水沟里。然后维克托争辩说，连我的措辞都很成问题，因为"邪恶小丑杀手"隐含的意思是他们会去干掉那些邪恶的小丑，所以严格来说，我们希望身边能多一些这样的人。从有机害虫防治的角度，我能明白他的说辞，但我还是不同意，因为这就好像是你为了防治蚊虫去买了一群蝙蝠，它们的确把所有的蚊子都吃掉了，你会因为终于没蚊子了而开心，现在你的房子却蝙蝠成灾了。有时候你得有大局观。维克托再次表示赞同，尽管他同意的只是我顾全大局的观点，但是庆祝两个人能观点一致的时刻是很重要的，所以我认为这是一种胜利。维克托对这句话又有意见了。他可能只是想泄愤。)

蚊子、小丑杀手还有那棵小小的树分散了我的注意力，但我有一个观点，那就是婚姻长久的秘诀是懒惰。简单说来，就是你们中必须有一个人连婚都懒得离。

维克托和我刚结婚时，我们吵得没完没了。我们很穷，还差点儿无家可归。我们经常吵架，这是个大问题。因为我一直认为，如果你爱一个人，你就不会和他吵架。我的父母不同意我的观点，我的母亲完美地演绎了"耶稣基督，你是认真的吗？"这个无声表情。他们从来没有在我和妹妹面前吵过架，所以我认为吵架是一个预兆，预示着我和维克托不应该在一起。事实上，在结婚几年后我告诉我妈，我认为我们应该离婚。就是那次她告诉我，她认为向我隐瞒她和爸爸之间的争吵已经对我造成了伤害，因为她曾以为争吵会吓到我们。很可能真会吓到我们。但这也意味着，我从来没能从谁那儿学到我该如何生气、如何大喊大叫、如何把事情摊开来谈，然后原谅别人。所以我才会在我女儿面前和维克托吵架。我在她面前吵架是因为我希望有一天她能有一个美满的婚姻。（因为通常情况下我是对的，有个小朱蒂法官[1]来评评理也挺好的。）这可能会让她最终决定不要在孩子们面前吵架，然后把她所有的争吵都藏起来，于是一代代人就这样继续用自己独特的方式祸害他们的孩子。对不起。我真希望我能给你些更好的建议，但我想我已经明白了，不管怎么选，你都可能祸害到孩子。如果你能诚实以对的话，这对他们来说会是一个很棒的礼物，因为他们会明白你也是不完美的，没办法回答所有的问题，而且有时候也会把事情搞砸。这礼物对你和孩子都好，真的。和妈妈谈过之后，我决定再努力一

---

[1] 《朱蒂法官》是一档美国法庭真人秀日播节目。由朱迪斯·谢德林法官担任主审法官。

下。我试着不用其他任何人的任何标准来评判我们之间的感情，除了我们自己的标准，因为我们各有各的古怪疯魔之处，只有携手并进我们才能继续走下去。

　　这并不是件容易的事。我们的关系与我父母的截然不同。我当时完全没准备好要和维克托住在一起。我可以接受维克托带上一只宠物驴去酒吧，或者在后院搭的蒸馏室里酿私酒，这些事情都没发生过。我爸爸曾经把活的响尾蛇藏在箱子里，因为他需要用到它们，然后他就忘了，直到我们中的某个人把箱子打开。我知道我该如何应对这种情况，因为我妈妈的反应为我树立了典范。而维克托则是把成捆的现金藏在房子里任何可以藏东西的小洞里，从我们结婚那年就开始了。茶杯里有一堆 20 美元的现金，靴子里有三筒 5 美分的镍币，还有一沓 5 美元的现金被放在一个贝壳里。你可能会认为，与找到易怒的有毒动物相比，在意想不到的地方发现现金要好多了，但问题是，我爸爸把蛇藏起来是为了保护我们，不那么容易被弄死，但维克托把钱藏起来是为了不让我看到。这很奇怪，因为我们都有全职工作，我们有很多账单要付，而我也不会大手大脚地花钱，所以他没理由这么做。但每当我发现有一沓钱藏在啤酒罩里时，他就发誓他再也不这么干了——然后马上又再犯。这太疯狂了，最终他承认他这么做是因为他害怕有一天我们的钱用完了，他需要这样的保障。显然这个保障是用靴子里的镍币做的。

　　我试着去理解他，就像那天晚上他试着理解我一样，我特别生他的气，忍不住尖叫着跑出门躲到灌木丛里——直到他找到了我，我们才发现我正站在一个火蚁的蚁穴上。他没有继续和我吵架，而是用他藏在贝壳里的钱买了一些奇怪的粉末来帮我止痛。（这些粉末不是可卡因，我知道听起来有点儿像，但其实不是。）

我们都各有疯狂之处，这是让我们俩都措手不及的，难度堪称是地狱级别。当我们学会了如何选择吵架的时机后，一切就变得容易多了，但即便是现在，我们每年都至少会吵上一次让我觉得不离婚不行的架。维克托会立刻打消这个念头，因为他知道除了彼此，这世上没人能容忍我们俩，而我也懒得去填离婚文书。并且他太懒了，懒得照看两个房子，因为即使我们离婚了，我还是会每天打电话给他，在我不可避免地忘记付账单或者泳池里的水獭啃坏电线时，让他去看看排水沟里有没有小丑杀手，然后修好 Wi-Fi，再把灯打开。懒惰让我们在最艰难的日子里不离不弃，直到奇迹降临，奇迹让我们渴求能够永远相依相伴。

奇迹是笑声，这真的很陈词滥调，但陈词滥调之所以是陈词滥调，是因为它所言非虚。因为即使在我最愤怒的时候，维克托也能说出让我发笑的话，而我的怒气和一切不愉快都会随之烟消云散。

上个月我们一起旅行，我们一起旅行的经历并不怎么愉快。我很容易生气，而且需要大量的时间休息来避免生病，但维克托似乎不需要食物和睡眠，他认为如果你不去每个地标挨个儿打卡的话，旅行就是浪费。我又饿又累，然后我突然开始吐槽他，因为他又把我拖去排长队了，就为了去看一个教堂，它和其他历史悠久的教堂没什么两样。他还冲我大声嚷嚷，说我是个不懂得欣赏世界的死宅，然后我可能是开始哭了，于是维克托看着卖票的人说："这里就是那个亲吻巫师能破除诅咒的地方吗？"

这句话简直是突如其来，而维克托仍然一脸严肃，那人只是茫然地盯着他看，然后我开始咯咯地笑，笑得我都忘记自己本来有多饿了。那就是魔法。

维克托曾说过，他最喜欢的名人名言是玛丽莲·梦露的一句话："如果你能让一个女人发笑，你就可以让她做任何事。"这是真的。除非你想让她做的事情是把奶酪包装纸扔进垃圾桶，或者停止乱按空调遥控器，或者不给猫穿上婴儿衣服，即使猫穿上那些衣服后看起来很迷人。这都是些不起眼的事。但你可以让她原谅你，爱你，忘掉你做过的那些蠢事，那些她现在已经记不起来却绝对存在过的蠢事。而你也能为她这么做。

有时候，这就足够了。

所以我花钱把自己打了个屁滚尿流？

"我买了一个叫作'筋膜爆破仪'的东西。"我的朋友梅尔低声告诉我，用的是耳语，听起来既像是在对你尴尬地忏悔，又好像是在向你分享这世界上最大的秘密，不想让任何其他人知道。

它听起来像一个电子游戏，但事实上，这是她在网购的一个工具，用它可以消除大腿根儿上的脂肪团。"有用吗？"我一边问，一边把我的信用卡掏了出来。

"呃……我还不知道呢。我现在看起来就像是一个反复受虐的疯女人。"

"解释一下。"我说。于是她解释了起来。

她在 Facebook 上发现了一名女士，声称有消除脂肪团的工具，同时还声称脂肪团实际上并不存在。这是一个糟糕的商业企划，我心想。但后来我想，也许这位反脂肪团女士想表达的意思是，我们都应该接受脂肪团是假的这个观点。如果有人说："哟，你有脂肪团啊！"然后我们就会齐刷刷地看着他们，就好像他们发疯了一样，用煤气灯效应让全世界都认为能看到脂肪团是一种集体幻觉，这完全是他们的问题，不是我们的问题。这样我们就可以自由地穿着泳衣，让那些爱挑剔的浑蛋去质疑他们的视力和神智。在这件事上我一定会全力以赴。不幸的是，现实根本没这么合理。

事实是，这位女士发明了一种带刺儿的塑料棒，你可以用它来敲打你体内那些固定脂肪团的结缔组织。它看起来就像是一个小猫的立式衣架，或是一根可怕的玩具。她的理论是，如果你破坏了你皮肤和脂肪之间的所有结缔组织，那你的脂肪团就看不出来了。我猜这就好比你把一群豹子压到铁丝网上，有些豹子就会被挤出去。豹子就是你的脂肪，铁丝网就是你的结缔组织，那些挤出去的豹子就是你的脂肪团。如果你去掉了铁丝网，那你就不会再有脂肪团了，就只剩下一群愤怒的、之前被压扁了的豹子，它们现在不受笼子的束缚，可以自由游荡了。这可能会很危险，但看起来很诱人。我终于想到了，这不就和大多数整容手术一样嘛。

梅尔解释说，她的大腿看起来还不够性感，因为她才用了几个星期，但她"从屁股到脚踝"都是瘀伤。

"但这样你就知道它起作用了，"她说，"巨大的瘀伤说明你已经把你的脂肪打得够狠了。"她向我展示她是如何拿起工具，把它紧贴在大腿上，然后使劲地把它从大腿这一端拉到另一端，就像一个连环杀手试图用钢锯肢解自己的腿一样。或者像一个伐木工人极其愤怒地攻击一棵谋杀了他母亲的树，只不过那棵树是他自己的腿。

"所以你花了 89 美元把自己打得屁滚尿流？"我问。

"差不多吧，"她说，"但你得看看 Facebook 上那些前后对比的照片啊！"

我去看了。它们令人印象深刻。但我想知道，有多少人每天都必须暴力压制自己的脂肪后，也开始锻炼身体，减少食量。尽管如此，效果还是很明显，我在想自己应不应该也去试试。"它叫什么来着？慢慢自杀？如何在 30 天内形成血栓、深静脉血栓和骨瘦如柴的大腿？"她和我一起大笑是因为她还没疯，只是像大多数认为自己不完美的地方就应该被暴力攻击的女人一样疯魔。

我的焦虑突然涌上心头，竟然盖过了我想要让我的脂肪更加平滑的需求。"但是，如果我的筋膜就像是参孙的头发[1]，是唯一能让我保持体力的东西呢？我的意思是，即使我拼了命地去打它，筋膜也还是能把我的脂肪固定住。那样的话，我不就是既没把筋膜打掉，还让自己虚弱得半死？"

梅尔耸了耸肩："似乎不大可能。"

"如果我真这么干了，结果我所有的脂肪全都是靠结缔组织固定的，然后我腿上的脂肪就会跑到我的脚上，我就必须去买新

---

[1] 《圣经》记载，参孙是一个拿细耳人，上帝赐予他巨大的力量来帮助他对抗他的敌人，但如果参孙的长发被剪掉，那么他的力量就会尽失。

鞋，还得开始剃掉我所有的毛？"

梅尔盯着我看，可能是因为她从来没想过自己会拥有一双充气筏那么大的胖脚："我好像没听懂。"

我解释道："我从来都不需要去做比基尼脱毛，因为我大腿根儿内侧的脂肪已经把我秘密花园里的树叶给藏得严严实实了。但如果我那块儿所有的脂肪都掉下去了，那我这无心插柳的'发网'不就没了嘛。"

"这观点不错，光是不脱毛，你就省了一大笔钱。"

"或者，如果其中的一处瘀伤变成了血块，再发展成血栓，然后我就中风了，半身瘫痪。随后维克托就会因家暴被捕，因为我全身上下到处都是内出血，没人相信这是因为我用了网上买的尖头棍子敲打我的脂肪团。"

"好吧，至少你住院时的身材应该看起来还不错吧？"她帮我畅想，"讲实话，我从来没认真想过这些，现在我觉得自己更傻了。"

"但这样我大概还能坚持？如果我疗程才一半就中风了，没办法继续在家里击打我的脂肪，你会来帮我吗？"

"我当然会，"她拍着我的手说，"朋友不就是干这个的嘛。我会对你的肥肉一通猛打的。"

最终，我们两个都大笑着发誓说，如果非要用"筋膜爆破仪"，我们只会用它去打那些蠢货，但事实上，我把这玩意儿的名字记了下来，并且很想知道如果我写它的话，我能不能要求它把推广费直接打款到我的商业账户上。

　　梅尔试图把买筋膜爆破仪时脑子抽的风怪到离婚头上，因为她正在离婚，但这么多年来，我们俩打着变美的旗号没少做蠢事，甚至比这还蠢，所以她可能归因归错了。就在几年前，我们一起做了一个减肥实验，我们把衣服脱到只剩内衣，然后让身材瘦削的陌生人往我们身上抹热泥浆，接着在暖气房里像木乃伊一样裹上塑料保鲜膜，就跟没人想要的难吃剩菜一样。（我感觉就像是往肠衣里塞了太多的肉馅，然后我开始疯狂地想吃香肠，这是一个恶性循环。）出汗和泥巴是为了让你缩水的，但一小时后我发现我宽了三英寸。梅尔说我可能是对泥巴过敏，因为过敏反应所以肿了，她说得挺有道理的，但我很确定这是因为我的毛孔饿了，于是它们把所有的泥巴都吸干了，就好像这泥巴是一款"免费续杯"的冰沙。

　　除此之外，梅尔的离婚可以称得上是十分友好了。她和她的丈夫仍然一起参加家宴，计划度假。他们并没有向全世界宣布他们离婚的事情，因为想想要告诉人们，他们真的还是很好的朋友，就只是不打算生活在一起了，似乎真的很让人筋疲力尽。

　　"应该得有个离婚披露会什么的，"我说，"就像人们宣布他们怀孕的时候，他们会做一个疯狂的视频，或者当他们宣布婴儿的性别时会切一个蛋糕，不是男孩蛋糕，就是女孩蛋糕。"（澄清一下：男孩蛋糕是蓝色的。女孩蛋糕是粉红色的。不是用男孩和女孩做成的蛋糕。想要拥有它，你需要的是食用色素以及对蛋糕师无穷无尽的信任。有一次我去拿海莉 5 岁生日蛋糕，发现蛋糕上不知为什么写着"毕业快乐"。我只好告诉她那是因为她把今年圆满度过了，所以她觉得没什么，但如果蛋糕装裱师把你的生殖器蛋糕搞砸了呢？如果蛋糕是黄色的呢？那是什么意思？我们得去买条狗？还是我们的食用色素不够用？还是要我们别在烘焙食品上加重对婴儿的性别刻板印象了？）

"哦，天哪，我们应该为你们的离婚搞个正儿八经的披露会。"我说。

"不如拍一张我躺在床上的照片，上面有一个漫画对话框，里面写着**'终于它全都是我的了'**，而我就在床上来回打滚，床上还摆满了装有通心粉和奶酪的瓶瓶罐罐，我张口就可以吃的那种。"

"天啊，"我眼睛有点儿湿润地说，"天堂也不过如此吧。"

"然后我俯身从床头柜上吸了一口撒满奶酪的通心粉。"

"上帝啊。现在我想离婚了。"

她会意地点点头："有时候真的是太棒了。"她承认。

但后来我没离婚，也没买那个筋膜爆破仪，因为这两件事我都懒得做，还因为把脂肪打出来听着很像是一种无意为之的运动，而我是绝不可能爱上运动的。但我和梅尔决定永远做朋友，一起去吃通心粉和奶酪，笑到肚子疼为止。这真是太棒了。

如果这一章就在这里结束不是很好吗？如此振奋人心、勇敢，还有点儿出人意料地鼓舞人心？答：除非你把"勇敢"这个词用得特别随便。但我觉得把"勇敢"放在那儿会让我觉得自己很不诚实，因为我必须践行我的个人座右铭——等一下，**我可以让一切糟得更离谱。**

我可以做到的，因为今天我脸上被女性激光器给烧焦了好几块儿。

什么是女性激光器？你可能在一边慢慢往后退一边暗暗问自己。是某种在女性必须安装的激光器吗？这到底是怎么回事？

我很高兴你能这么问，因为昨天我去医生那儿采血，但他们让我在一个放着妇科诊台的候诊室里等。包围着我的海报太多了，它们对我大喊大叫，说我需要女性激光器。我感到自己受到了猛烈的评判，**你根本不了解我的生活，女性激光器，不管你对我暗示什么我都不会买账的。**但后来我的医生进来了，结果我开始说："女性激光器是什么？在女人必须装的激光器吗？"她却说："我很好。谢谢你问候我。你怎么样？"我懂她的意思了，但我得为自己辩解一下，是她把我留在这个空房间里，让我和那些激进的广告搏斗了 20 分钟，所以严格说来，这是她的错，而且这完全违背了她的誓言 [1]："不伤害为先。"

她解释说，那广告是用指往阴道里打激光的，我就说："呃，不，别说了。"接着她问："你觉得你能把它们安装在身体里吗？那样会更好吗？就像是什么生殖器激光笔吗？"我解释说，我脑子里想的不是一个猫玩具或者是做报告时用的激光笔，而是

---

[1] 指希波克拉底誓言，医学生入学的第一课就要学习并正式宣誓的誓言。

一个防御系统，在你真的想让别人明白"不就是不，浑蛋！"的时候。而她只是盯着我看，所以我用"Biu！Biu！"的声音小声模仿激光枪，想让自己表达得更清楚些，然后她摇摇头，说："不，我们不做那个。没人会那么做。"

然后我解释说，这可能是最好的结果了，因为我甚至都不知道该怎么给微波炉定时，所以我肯定会把遥控器到处乱丢，而且会冲猫发射激光，把鞋子烧出洞来，但我也说，如果能在身体里放一把光剑一定会很酷吧，然后我立刻后悔我竟然说了这句话。

长话短说，我的医生说她不能在我的身体里安装激光器，但既然我来了，我们就应该用激光把我鼻子上的"那个东西"给割掉，因为很明显，那个用在你裤裆里的激光器对去除老年斑和粉刺效果也很好。我同意让她给我做激光，尽管作为医生她用"那个东西"来指代我身体的一个部位让我有点儿不安。但我也不知道它的医学术语是什么。它只是一个古怪的肿块，在那儿已经待了好几年了。我说的是长在我鼻子上的东西。不是我的阴道，虽然我的阴道也在这儿很久了。**我不是想说我的阴道："长在我鼻子上……"**天哪。这个段落我不能再写了。

她在我脸上迅速光照了十个点，闻起来好像有什么东西被烧焦了，原来是我被烧焦了。在接下来的几个星期里，这些点变成了黑色。我之前只是对自己的老年斑有点儿敏感，渐渐地它们的颜色越来越黑，就好像我在脸上直接文了一系列星座图案似的。我得等着这些点子结疤剥落，因为如果你用手去抠它们，你就会留下永久性的疤痕。我想这也许是某种心理上的惩罚，就是为了让你在结疤剥落的过程中意识到，比起现在这些黑色的片状物，能拥有最初的不完美也是非常值得高兴的事情。我突然发现自己很庆幸这些乱七八糟的破事没发生在我的阴道里，我觉得自己很幸运。

一周后，这些点都长好了，露出了下面可爱的无痕肌肤，没有凸起，也没有黑斑。

大约八周后，所有的斑点又回来了。回来的还有我鼻子上的"那个东西"。因为它们当然会卷土重来。

但这没关系，因为我已经意识到正是我的脸、身体、大脑和阴道的不完美让我成了独一无二的我。它们还会讲故事呢。我阴道的故事可能是这样的，它会尖叫着说：**"我看到你脸上发生的事了。让那些激光离我远点儿。"**这有些荒谬，因为以我阴道的柔韧度，它是没法儿看到我鼻子的。而且我们都知道下个月我会去打听一种荒诞的献血仪式或是活人献祭之类的东西，它能让你的乳房更紧实、更丰满。是的，我意识到这是我的缺点，但说到底，这不就是自我接纳的终极奥义吗？

是的。是这样的。*

✧

*还有通过注射古代处女圣母的血来丰臀，下个月我已经安排了 18 次这样的注射。

焦虑是一块我从未见过却永远失落的钟表

有时我会动弹不得，大部分是出于恐惧，害怕做错事，害怕做出错误的选择，害怕冲突，害怕不够友善、不明是非或是不够乐于助人。我认为大多数"正常"人都能风轻云淡地处理他们的恐惧，但我的恐惧不同。它会使我残废。往好了说，这句话是个比喻，但往坏了说，这句话毫不夸张。我的手握成拳头。我的身体因为痉挛的剧痛缩成一团，类似于胎儿在母体中的姿态，就好像我的身体想要越变越小——然后完全消失一样。当这种感觉快要将我淹没时，我就会给自己讲外婆在我小时候告诉我的那个故事——那块差点儿让我消失的手表的故事。

这听起来像是个主谓宾不全的残句，但它不是。更确切地说，它的主谓宾的确不齐全，但这句话是真的。有些事情可以既是错的，也是真的。

在我外婆小的时候，有个男孩喜欢她，想娶她。但她并不爱他，所以尽管她对他很友善，却并没有给出任何承诺。一天上学时，他把手表借给她戴，但那天晚上干完农场的活儿后，她发现手表不见了。她那时候笃信，既然发生了这种事，她就必须得嫁给他，不然你还能用什么办法弥补呢？你可是弄丢了一块你永远也买不起的昂贵手表啊！她和家人在农场里找了几个小时，最后她哥哥在他们家旁边犁过的地里找到了它。她如释重负地哭了起来，然后立刻把手表还给了他。我不知道那个男孩和那块表后来怎么样了，如果我的外婆因为那块表而嫁给了另一个男人，我可能就永远不会出生了。事实上，在我写下这篇文章的时代里，如果一个人仅是因为把别人的东西弄丢了，心怀愧疚所以同意嫁给他，那所有人都会觉得这个人一定是疯了。但在当时看来这么做是毋庸置疑的……对她是这样，对我也是。那是出于一种责任感，一种恐惧感，一定要去做她认为正确的事，如果她那样做了的话，她的整个世界就会随之改变，还有他的世界，我的，还有你的，因为你现在就会是在读另一本书了。

我以前以为她告诉我这个故事是为了教我不要去借我没法儿偿还的东西，但现在我想知道是不是她想要教我的东西并不止于此。有时候你不得不去做一些艰难的事情。有时你不得不说不，有时你必须兴一点儿风，作一点儿浪，否则你是会被卷走的。这是我仍在学习的一个课题。

有时候，我的焦虑会以意想不到的方式变得异常折磨。如果你患有焦虑症，你可能会知道这种感觉……动弹不得的感觉。比方说，当你害怕的时候，你会有"战或逃"的应激反应。你要么上前去把那个吓着你的东西猛插几刀，要么就赶紧跑。但是，我这两个反应都没有，一部分原因是我找不到刀子，而且我还讨厌体育锻炼。但更重要的是，在我开始迎战或逃跑之前，我就卡在那儿了。这么说一点儿也不夸张。我不能动了。我不会说话也不会写字。我担心每一件小事。我担心我会陷入沉默。我担心这沉默比我说话更能说明些什么。然后我就卡得更厉害了。忽然之间，有好几天我没在网上回复别人了。压力越来越大，我害怕那些我没能回复的人会生我的气，所以我会忽略他们的电子邮件，我不看我的邮箱也不收短信，不接电话也不听语音留言。因为我在等我的情况变好一点儿，那时候也许我就能处理好这些事了。但我处理不了。因为我没能好转。相反，我目不转睛地盯着这些来自朋友、家人和同事们的未读邮件看，直到我已经记住了它们的主题栏。然后我想，这真是奇怪得不行，他们可能认为我无视了他们，但实际上我深深地因为他们感到困扰。

为什么会这样呢？如果我照实告诉他们，他们可能会理解的。事实上，因为我身边充斥着像我这样问题很多的人，他们可能反而会松一口气，发现他们并不孤单（尽管他们可能会讨厌我把球踢回到他们那边，所以现在他们不得不给我回信了）。而那些理解不了的人不会像我一样，为这事费那么大劲儿，头发都快被薅没了。他们会在读了我写的**我疯了，回不了邮件**的电邮后想：嗯，可真是个怪人，然后再也不去想这回事了。我不知道没有焦虑是种什么感觉，但我猜就是这样。可能不会让你筋疲力尽吧。它可能不会让你有八十七封反复重写却仍未寄出的邮件，不会让你有一个看不到尽头的待办事项清单，也不会让你写了又删，删了再写，到最后你都忘记你在这一章里到底想说什么，你只会想给你的大脑放一把火，把所有记忆全部清除干净然后再重新开始。

这真是件奇怪的事……在没人真正关心的事情上反复纠结。你总是忙于担心，以至于你不停地瞻前顾后，看起来完全就像是在原地踏步。你害怕做错事，结果反而做得更糟。你在这场漫长的马拉松里筋疲力尽，表面上看起来你一动不动，心里却像是敌对双方在展开激烈的拉锯战。

这不仅仅关乎电子邮件、书的章节和语音留言，还有更多。

这关乎整个世界。关乎在这宇宙中发生的每一件可怕的、我觉得我必须说点儿什么的事情，但我没有，因为恐惧阻止了我。然后我开始害怕这种无所作为。我害怕我的沉默等同于对那些可怕事情的默许。我害怕当我真说出来的时候，我做得不够体面，或者做错了，又或者我会把事情弄得更糟。我害怕我不该发声，我也害怕我不该沉默。

我读啊读啊读啊，去了解有关那些可怕事情的每一个细节，直到等我找到一个我知道我究竟该怎么说、怎么做的细节。但它从来都没出现过。这是有道理的，因为如果简单的词语就能解决那些可怕的事情，那么可怕的事情就不会存在了。所以，我发声。

有的时候。

有时我会失败。有时我唇枪舌剑。有时我会中途改变主意。有时我会写些冗长而情绪化的东西来帮助自己理解某个问题，却从不与人分享。有时我只对自己说话。这些都没毛病。

但有时我说得很大声。有时我脑海里的声音简直是太愤怒了，我不得不说出来。有时我除了说出自己真实的想法，做必须做的事情之外别无选择，因为不这么做比做了还要痛苦。这样的时刻真是既美妙又可怕。

这种事有时很小，有时很大，总是很艰难。

却永远都是值得的。

当我挣扎于那些看起来如此渺小、如此不重要的小事时，我会提醒自己，挣扎也没什么关系，就允许自己去找到适合自己的速度吧。小事也可以很重要啊。言语、决定、停顿、同情、遗失的手表、短篇小说……在这些小东西里蕴藏着很多个完整的世界呢。我就生活在这些世界里。而且（有时候）我很高兴自己这么做了。

我记得那块遗失的手表，那个什么也算不上却几乎改变了一切的东西，我提醒自己，用我认为外婆通过她的故事想要告诉我的道理：所有那些小小的恐惧都会成为过去，那种恐惧会让你产生毫不理性的想法，你不会真正地陷入困境，除非你放弃，除非你允许自己沉溺。

不要放弃。

我与维克托在本周的第80亿次争吵

我： 我的电动牙刷坏了，所以我需要一个新的。

维克托： 就只是电池没电了而已，不是坏了，它还是可以用的。

我： 不能用了，因为电池没电了。

维克托： 是啊，但它还是可以当牙刷用啊，你只是在刷牙的时候需要动动手。

我： 就像是某种动物？

维克托： 不，因为动物没有拇指，它们也不能给自己刷牙。

我： 我能给动物们刷牙。我们猫的牙刷其实还能用。你是想让我用猫的牙刷？你是这个意思吗？因为霍乱就是这么传染的。

维克托： 霍乱不是这么传染的。

我： 好吧，那就是猫白血病。你就是用这种伎俩来吓唬猫的吧，伙计。

维克托： 不是那么回事……啊！**即使它不能振动了，你还是**

可以用你的牙刷刷牙的。它没坏。

我：我没说我的牙刷坏了。我说我的电动牙刷坏了，因为现在它就只是一把牙刷了，就像自动扶梯坏了，就是坏了的自动扶梯。如果你打电话说你的自动扶梯坏了，修理人员可不会回答说："它没坏。它们现在变成楼梯了。"

维克托：请你闭嘴。

我：就好比说，如果你发现我把你的牙刷给狗用了，因为我不知道猫和狗能不能共用一个牙刷，你就会说你的牙刷坏了。它还能用，但你可能会说它现在不能用了。

维克托：你用我的牙刷给狗刷牙了吗？

我：没有，因为你肯定会反应过度的。而且，它当时被振动的声音给吓坏了。**哦，天哪，它可以用我这把坏了的牙刷！怎么了，你没事吧？**

维克托：**没有哪件事听起来是没毛病的。我的牙刷当时离狗有多近？**

我：离得还不够近，没给它用上。它吓坏了。我在考虑买个震动棒，当它咬我鞋子的时候我就拿着冲它挥舞。但告诉别人你的狗害怕震动棒似乎会很奇怪，因为那些人会想"这到底是怎么一回事？"

维克托：你为什么不去买一支新牙刷？

我：我们真是心有灵犀呀。

维克托：但愿不是。

有时，在破碎中也能发现美

我不能写作时，我画画。

我伤心时，我画画。

我画过的比我承认画过的要多。

我只是在画我自己。此刻的我，比往常崩溃得更厉害的我。我画的那个"我"是一个影子，因为现在我正身处在抑郁最糟糕的部分。刚步出悲伤，又陷入麻木。这麻木并不好，让我很不舒服，让我失控，怀疑我是否真实存在。

我的脸不是很贴合——就像是一张已经滑落了的面具。我可以喝点儿酒来麻痹这种麻木的痛苦，但这不是长久之策。而且我太累了，连这也做不到。这说得通吗？麻痹麻木的痛苦？如果你曾经有过类似的体验，你就会知道是这么回事。

"我是空心的，被挖空了，空的，我就是个影子。"我把这个句子写在了我的画上，我知道这么做将改变我的作品。从一个人们能感同身受，还能感觉他们身处其中的东西，变成了一个人们可能会害怕的东西。那是种"异样的"东西，会让正常人迟疑着退后，或是迟疑着靠近——这两种反应都不太乐观。我会安慰他们，告诉他们我会没事的。相比起来更容易做到的是假装没事，把崩溃隐藏起来，去画一个假笑，然后假装我的身体完全归属于我，直到这种感觉再次回来。

我回头看了看画。一个女孩的影子在夜晚中奔跑，但那夜晚并不黑暗，黑暗的是画的边缘。靠近边缘的部分逐渐变暗变模糊，正常人是看不见的。只有眼睛已经适应了黑暗的人，才能在夜里看见东西，所以我画中的星星和它们周围的夜晚一样明亮。边缘是黑暗的，我知道一个真正的艺术家会注意到这些，而且会说这种视角完全是错的。在夜里是没有影子的，黑暗也不可能比夜晚的颜色更深。一切都错了。的确错了。但这是我的视角，它和我一样错得离谱。

狗狗叫着要出门，我便带着它在夜里散步。已经很晚了，其他人都已入睡。我融入了夜晚。我总是告诉海莉，害怕黑暗是愚蠢的。因为黑暗只不过是事物的藏身之所。它也是一件可以把你藏起来的斗篷。夜晚也可以成为朋友。能明白这点是一件好事，只有当你的大脑能正常思考时，你才能向自己保证，一旦你回到房子里，你就能投射出一个影子，而不是成为一个影子。但今天的我没法儿做出保证，于是我匆匆赶回到屋里。我在黑暗中感到幽闭恐惧，似乎它会吞噬或是冲走我残存的一点点自我。

我把狗从它的皮带上解开，想着怎么把这幅画画完……我一遍遍检视出现在脑中的词语："空心""空的""迷失"。我奔跑着寻找自己，但我不知道我会在哪里，也不知道什么时候才能找到我自己。我不知道我会找到那个旧的我，还是一个新的我。我不知道我对这两件事是什么感觉。我不记得我以前是怎么去感觉的。我知道一切都会过去的。我提醒自己一切都会过去。这就好像是在提醒自己，我在水下的时候不需要呼吸一样。我的身体不相信，我的脑子也不相信。但我的过去说，一切都会过去的。我的过去从来没有像抑郁症那样骗过我，所以我深深地吸了一口气，继续前行，尽管我已经忘记了我要去哪里。

　　狗追着猫跑开了，在我走路的时候猫跑过来撞到了我的腿。我倒吸了一口气，试图让它平静下来，它却仓皇地穿过吧台，惊恐不已，侧着身子想躲开那条狗还有我的脚，结果在它逃跑的时候一下子失去了平衡，把我桌上那个石鸽给撞翻了。

　　我以为她是石头做的。但并不是。她和她的男伴在我的桌子上待了好多年，时间久远到我都记不起他们的来历了。我都记不起来没有

他们装饰的桌子是什么样子了。但现在她砸到厨房的瓷砖上，碎了。她的底座被摔断了，几十块碎片飞到了房间的各个角落里，散落在地板上。

她是空心的。除了底座，里面塞满奇怪的东西，可能是为了让她保持直立，一些白色的玻璃纤维或木刨花。我用颤抖的手把她抱起来，希望她的身体至少还是完整的，这样我还能抢救回一部分的她。我听到楼上我女儿卧室的门开了。

"妈妈？"她紧张地叫了一声，生怕我是个入室盗贼，或是其他在夜里会发出"砰"的一声巨响的东西，"那是什么声音？"

"没什么，"我在厨房里向她保证，"就是猫把什么东西给打翻了，回去睡吧，亲爱的。"我说，用一种不必假装自己安然无恙的声音。

鸽子碎了。她的喙不见了，我也找不着能让她恢复原样的全部碎片。我趴在地板上捡起我能找到的碎片。我没能找全，但我尽力了。我不能让那些剩下的尖利碎片伤害到我的家人。我发现我的脚上有血，但我不知道这血是被猫抓的，还是因为那鸽子。反正也没关系。都已经这样了。但我仍然为这只鸟感到悲伤。砸烂的碎片在我的裙子里轻轻地叮当作响。这对鸽子不再成双成对。那只雄鸽从此以后就只能独自守在那儿了。

但这不公平，我想。我看着我捡起来的碎片，看到了里面隐藏的雪花石膏，看到了空心的部分，还有那古怪的、丑得怪好看的木刨花——这既是她能站得那么久的秘密，也是使她摔得那么重的原因。

我不会让她就这样惨淡收场。我决定了，如果她必须被打碎，我将把她的破碎化为艺术品，去纪念她，去留住她。我拿出相机，给她拍了张照片。为那些碎片，还有那些完整的部分。

她的确碎了，她的球状底座看起来像是一个裂开的鸸鹋蛋。这让我想起小时候，妈妈会在复活节往空心的泡沫塑料蛋里塞表现春光的微缩模型，然后我意识到从我很小的时候开始，我就不再留意那些神奇的东西了。木刨花闪亮无比。破碎中蕴含着美，即使我宁愿她能变回完整且完美的样子，我仍然发现，她因为破碎而成了另外的什么东西。她成了艺术，至少在某些人眼里。纵使在另一些人眼里她不过是件垃圾。毕竟，这完全取决于你怎么看。

如果你靠近点儿去端详，你会发现她很特别。她似乎有一个故事要讲。破碎的东西都这样。我把她放在吧台上，让她面向窗户。一眼看去的话，你不会立刻发现她已经碎了。即便她真的碎了。她是空心的。她破碎了。她被挖空了。但至少在今晚，我把她重新填满了，用意义、象征和力量。她变成了一个小小的护身符。只要用心去看，你就能看到她的魔力。

我提醒自己，现在我的眼睛看到的，和大多数人看到的都不一样。任谁在黑暗中待久了都会变成这样。而有时，我也会因此获得一些小确幸。

我回头看我的画。我看到了我自己——我画的那个自己。我看到了我的影子。我看到了其中所有的颜色。这提醒了我（虽然用我们的眼睛很难看到）：黑色是由所有的颜色混合而成的，而不是什么颜色都没有。我告诉自己，我很快就会找回我自己的。但是在那之前，我可能就是一只碎了的鸽子，带着不安的心灵和偶尔会变成一个影子的烦忧，提醒人们那些虽然可怕却很奇妙的景象。

我把这幅画画完了。

我决定把那只碎了的鸽子留下来，尽管我已经在脑海里听到维克托对我说：她都已经碎成这样了，没法儿补救了。我会点头

同意，但我还是不会离开她的。她的故事会让人们想知道，她究竟是有什么魔法，让她即使到了这步田地，也仍然能得到珍视。

她被打碎了，但她很特别。

而且如果你不仔细看，你很难发现她碎了。

说明：第二天早上，维克托的确看到了那只碎了的鸽子。当我解释我为什么不能把她扔掉时，他告诉我，我应该对她进行"金缮"（Kintsugi）。"金缮"是一种修复术，用撒有金粉的漆料来修补破碎的东西，从而将修复融入它的历史，而不是把破碎粉饰起来。破碎成了它故事的一部分，也为它带来了美感。这让我微笑起来，我解释说我找不到所有的碎片。他耸了耸肩说："它们肯定就在这儿，不会就这么不见的。我们最终会把它们找全。"然后他走进他的办公室。有时候事情会出乎你的意料。有时候它们远比你想的要深刻。

达瑞尔，没人想要你手写的
"单人独享，免费按摩"优惠券

我在超市排队，一边想着我是有多讨厌超市，一边翻看着一本那种让你觉得自己不够好的女性杂志，一个叫达瑞尔的人在上面说拥有一段健康的亲密关系有四个秘诀：床上浪漫的玫瑰花瓣，诚实，情趣按摩，以及一系列体位（我敢肯定这些体位只会让你的感情破裂，还可能会把你的肩关节撕裂）。几十年来，我的亲密关系还算得上健康，但我学到的是，这些秘诀几乎都在胡扯。但我想我应该多探索一下（除了体位——因为我的父母会读到这篇文章，而且我的性生活还不错，所以我不必冒着脱臼的风险来保持激情）。

所以让我们实事求是地把这些秘诀过一遍，怎么样？

玫瑰花瓣

我不知道把玫瑰的头拧下来有什么情趣，特别是它们还很贵，我得花钱把它们弄碎（以及花钱把自己刺伤）。玫瑰花瓣几乎马上就干枯了，所以可以这么说，就好像是往你的床上铺满了脆响的枯叶，粘得到处都是，还能嵌到你的屁股缝儿里。你这么做的话，基本上就集齐了人们不在户外草地上做爱的全部原因，而且现在你的手指还在流血。

诚实

少量的诚实是有益的，但人们很容易就觉得"真话"和"混账话"是一回事。虽然我庆幸你没撒谎骗过我，但要是没人跑来告诉我，我的头发剪得太短了，我的感激之情肯定会更浓烈一些，**因为我根本没想问你的意见！**

情趣按摩

不要。真的。不要。

我知道有些人真的很喜欢为别人做情趣按摩，但根据我的经验，那些最不擅长按摩的人才最可能给你一叠手写的按摩优惠券。他们按得要么太轻了，让你觉得有人在给你挠痒痒，还是让人难受得不行的那种；要么就是力道太大，让你怀疑自己是不是在受罚。你不是在给我按摩，你只是在推搡我。但还是比正儿八经的袭击温和一点儿。所以不管你是想让我感受浪漫，还是想让

225

我感受袭击，你都失败了。

下面记录的是一次对情趣按摩的亲身实战探索：

1. 告诉你的伴侣你喜欢什么，不喜欢什么，因为沟通是关键。"别碰我那儿，或者那里，不行。好吧，我现在觉得自己很胖。要不这样吧？你可以摸我的脚踝，还有我手背上的皮肤。"

2. 每个人的性敏感带都不一样。你可能觉得男人们想给自己的阴囊来一次细致的瑞典式挤压按摩，但我发现每次这么做他都会尖叫，可能是因为愉悦？我一直是这么以为的，直到我听到砰的一声。也许我应该用更多的 PAM 食用油。（专家提示：如果你没有按摩油，可以用食用油。如果你没有食用油，你可以用不粘锅喷雾食用油。我说的是"可以"，不是"应该"。）当然，它其实是一罐过期了的以石油为原料的喷雾，而且已经变质了。但在他们发现真相之前，这个玩笑还是挺有意思的。这种轻微的不诚实就叫作"前戏"，而且这招儿越使越有意思。你的伴侣可能不这么想，但相信我……只有时机选对了，喜剧才会好笑嘛。

3. 有人说，你听的是什么音乐，就能营造出什么氛围，这就是我为什么买了一张不错的挪威死亡金属专辑。首先，那快得要死的节奏是在提醒你，按摩就得越快越好、越重越好。你开跑车的时候难道会开得比限速还慢？不，情趣按摩也是一样。给阴囊来串儿行云流水的击打吧。别含糊，使劲掐，直到他随着那些维京人洪亮而刺耳的叫声放声高歌。而且，你们俩都不会说挪威语，所以不管你们想怎么解读那些歌词都行。也许这个歌手大叫的是有关情趣按摩的事，还有他是有多么喜欢烛光和小猫。也许他说的是你上周买的那条牛仔裤很好看，即使你的心里还在打鼓。也许他是在冲着你丈夫大吼大叫，因为他没倒垃圾。这可不是头一回，即使是他把垃圾桶装得满满当当的。因为怎么会有人只清理冰箱却不倒垃圾？这就好比你把本该放进洗衣篮里的脏衣服放到厨房水槽里了。你只是把问题变得更显眼了。你是吃错药了吗？你究竟在想什么呀?！我的意思是，这都是那个挪威人说的。不是我。我觉得这没什么问题。我完全理解你，我爱你。放轻松。

4. 你得说点儿什么。言语可以诱导情绪，而情绪会让感受更为激烈。这种浪漫的张力是一件很有情趣的事情，就有点儿像是戴上乳夹，或者是将融化的蜡油意外滴在了你的敏感部位。试着对他耳语，比方说"你税交了吗？你确定？如果税单在邮局被弄丢了怎么办？要是你在这件事上出了什么纰漏，我俩都会坐牢的"。如果他们的肌肉开始僵硬，你就知道这招儿见效了。别在这时候停下来。继续在他们耳边低语。"其实我好像在垃圾桶里看见了你已经寄走的税单。你不会是在醉酒的时候不小心把它们给扔了吧？我这么问只是因为你把冰箱清空了，却没倒垃圾，所以我想知道你是喝醉了还是嗑药了。我问是因为我在乎。你太英俊了，怎么能去坐牢呢，亲爱的。"

5. 每个人都得放屁，这是你俩现在唯一能想到的事。而且现在更糟的是，你在一个古怪的角度给别人压力，要不就是有人在给你压力。你满脑子能想到的都是，我该放屁吗？这会不会被当成是某种赞美，说明我特别放松？我的伴侣能闻到它吗？比隔壁房间垃圾桶里正在解冻的卷心菜的味还大？我能说屁是狗放的吗，即使狗不在这儿？如果我停下来把狗带过来做情趣按摩会不会很奇怪？

6. 狗目不转睛地看着我。真让我毛骨悚然。如果就为了放屁自由，可真不值当啊。

7. 把狗赶出去，因为狗竟然喜欢这种油。将狗咬的地方清理干净。冲洗伤口。考虑注射破伤风疫苗。你上一次打破伤风疫苗是什么时候？如果你打得太频繁了会不会有问题？然后花上20分钟在网站上查看破伤风信息。10分钟后，你觉得你可能得了黑死病。

8. 让你的伴侣知道你有黑死病。因为这才是负责任的做法。听他毫不体贴地冲你大喊大叫，因为他才是那个被狗咬了的人，他一开始就告诉你不要用这种油，而且为什么一定要把狗带进来呢？你觉得很烦，但随后意识到这只是他在表达痛苦与恐惧。害怕你死于黑死病的痛苦和恐惧。你肯定有黑死病。

9. 为避免狗咬的地方发生细菌感染，你去拿了抗生素，然后绑着绷带的你们相互依偎，在你们染上黑死病之前好好地回顾一下人生。这人生还是挺美好的。你被爱着。你的屁股瓣儿夹着玫瑰花瓣。你应该感到自豪。真爱不就是这样吗？

此时此刻，大多数人都点头表示同意，并指出这就是为什么人们会花大价钱去做专业按摩，而我和你的立场一致，然后你说："你应该试试夫妻按摩！"然后我叹了口气，开始写**一个新的清单**：

1. 为了从之前按摩的创伤中走出来，一起去度个浪漫的假期吧。在酒店来一个夫妇按摩。如果你是第一次接触这个概念（就像我一样），其实它就是把你和你的伴侣放在同一个房间里同时接受按摩。为什么？该死的，我怎么知道，但每家酒店都会介绍得让你心生内疚，然后不得不去做一个，而且这按摩比你的第一辆车还贵。

2. 把你所有的衣服都脱下来。现在一个陌生人来给你做按摩。试着通过看你的丈夫来转移注意力，缓解尴尬。而你的丈夫正在被另一个陌生人涂油。提醒自己，别去扇那个在你丈夫的裸体上按摩的女人耳光。事实上，给她小费。别放松，否则你会在你丈夫还有两个陌生人面前放屁。

3. 敏锐地觉察到像气垫泄漏的声音，然后意识到这是按摩师用力按你丈夫背部时，他嘴里发出的嘶嘶声。尽量别笑。笑得更厉害了。你的伴侣生气了，因为你竟然在做这个一生中最烧钱的按摩时笑个不停。然后你解释说，这个房间听起来好像有一群愤怒的蛇，你没法儿放松。

4. 选一种能把你皮肤扯下来的磨砂膏。我选的是咖啡渣，所以完全可以说我是花钱让陌生人往我身上抹贵得要死的垃圾，我丈夫还不由自主地用蛇语威胁我。

5. 考虑分开度假。大吵一架。很生气，因为竟然把度假的时间浪费在了吵架上。意识到这个度假村里的其他人也在吵架，即将吵架，或是刚吵完架。决定不再纠结此事，重归于好，因为你们已经结婚很久了，知道该怎么彼此原谅。

6. 叫客房服务。在你的笔记本电脑上疯狂追《太空堡垒卡拉狄加》。一起看。帮他抓他够不着的背部。说些只有你俩才会觉得好笑的专属笑话。发现你们的感情靠的可能不是蜡烛、眼罩和诗歌。明白这才是爱，而且永远感激你终于拥有了这样一段亲密关系，它让你能够坦诚地告诉自己，情趣按摩太被高估了。

所以，真要说起来的话，我觉得诚实的确是一段成功亲密关系的重要基石。

女性杂志说得一针见血啊。真是一针见血。

我感到它就在我的骨髓深处

我感到它就在我的骨髓深处。

像一场还没落下的雨。

听起来没道理，却千真万确。我凌晨两点醒来，手很疼，在抽搐。我能感到我脚上脉搏的跳动。我的结婚戒指太紧了。我悄悄把手指移到枕头底下，好让握紧的拳头放松。

要下雨了，我说。好像有一种古怪的感觉从我的心底出现。我的骨头里好像发生了无数次细小的骨折。我丈夫在半睡半醒间发出一个同情的声音。

我以前以为它只是我的幻觉。一个得了关节炎的老太太的故事。你怎么可能用骨头来预测天气呢，我会这么说。我的骨骼却不这么认为。

我吃了两片阿司匹林，然后回到床上。我的脑子里充满了乌云。我的脸很热，我的手在发烧，像篝火一样噼啪作响。

要下雨了，我对我的手和脚说。要下雨了，然后这一切就会好起来的。一个小时过去了，疼痛转移到了我的腿上。我想跑一下，把我的疼痛赶走。我想把我脆弱的骨头包裹在柔软的白色薄纱里，就像精致的瓷杯一样。我想让我的妈妈抚摸我的头发说，这只是生长痛，就像那些年我长高得太迅速时，她对我说的那样。

然后我听到了。低沉、不均匀的敲击声。金属屋顶上缓慢而持续的敲击声。清晨细雨轻柔的叮当声让温暖的金属冷却下来。

我伸出手，按在窗玻璃上。很冷，那种凉意让我的手获得了某种解脱。

下雨了，我叹息着。这从很多方面来说都是一种解脱，程度超乎你的想象。我肿胀的部分很快就会恢复正常。大坝已经决口了。已经不那么担心自己会发疯了。但，又不是一点儿都没疯。因为怎么会有人能把雨藏在骨头里呢？而且是还没下的雨？我知道这个人是谁。就是那个脑子里装着迷雾的人。那个被满月的引力摧毁了的人。那个人对身体和心灵的古怪念头过于敏感，把这个世界听得太认真了。

从某种程度上说，能够感受到即将到来的雨带来的痛苦，也是一种解脱。它让我确信，我头脑中的风暴也是真实的。同样地，它们会随着时间流逝。我想知道，抑郁症是不是也存在着一个天气模式。一个测量焦虑的气压计。一阵让人失眠和恐惧的狂风。我想知道为什么我的骨头里有那么多雨，为什么我的脑子里有那么多雾。我想知道为什么遥远的飓风在我的体内呼啸，为什么有时空气会变得又厚又重，但只要抑郁症缓和了下来，我就变成了一艘搁浅的帆船，在那片过分平静的海面上。

我把另一只手移到窗户上。手上的热度让四周出现了一圈光环，就好像我终于能看到我身体隐形的部分，它们延伸到了我皮肤的边界之外。下雨了，我小声说。

"你是怎么做到的？"维克托睡意蒙眬地问，"你怎么总是知道？"

我说："这很容易。"虽然"容易"用在这里并不合适。

我是从骨髓深处感受到的。

编辑即地狱，还好坑的主要是编辑们

让我们小谈一下编辑一本书的过程吧。

别看到这儿就走了。是的，我知道编辑听起来很无聊，但其实根本不是这样的。你可以说编辑工作很讨厌，很痛苦，很滑稽又很丢人，但说无聊是绝不可能的。我的额头上有一个小小的、一辈子都不会消的包。它是我在编辑我的书时，在桌子上生生撞出来的。整个编辑的过程简直是太荒唐了（主要因为这是成熟的大人们才能做的事吧，我胜任不了），弄得我都开始做笔记了，如若有一天我开始相信那些不实宣传，竟然觉得我都能称得上是个有才能的作家，我还得回头看看这些笔记。

所以……说回编辑。首先，有大量不同的编辑能帮你解决各种疑难杂症。我有一个主编，一些文案编辑和法律编辑，四个帮我读手稿，告诉我哪里写得不合理的朋友，以及住在我电脑和手机里的松鼠们，它们帮我做拼写检查，会自动把"我这会儿就在酒吧里泡着（marinating）"改成"我这会儿正在酒吧里自慰（masturbating）"。直到第二天我才注意到这个自动改正。但我已经群发了。没人纠正我，也没人还愿意和我握手了。

对不起。我又偏题了。我觉得这得怪我的编辑，或者说怪我缺一个编辑，因为这种事，我只需要点儿治疗多动症的药和松鼠们的"帮助"就成了。

编辑时，我非常喜欢亲自上阵。因为我常常重写，所以我有成千上万页的文章永远也没法儿重见天日，即使有些文章我很喜欢。我通常也会在提交稿件之前删掉一半。这让我的文字更简练，我知道你可能不这么认为，毕竟我在其他章节里写满了作茧自缚的流水句[1]，但我向你保证，要是我没把那些过分疯狂的内容给删掉，读起来会更糟。

我以前以为编辑也是这么干的。事实上，当我还在写我第一本书的时候，一个非常成功的编辑对它很感兴趣。然后我说："用不着，谢谢。我知道该怎么用标点符号。"这完全是在撒谎，也显示了我无可救药的愚蠢，因为我当时还不知道，原来你的编辑是代表出版社向你买书的，而且还会帮你把它写完。我以为编辑是你花钱雇来，改写你狗屁不通的文字的。从我的错误中吸取点儿教训吧。

幸运的是，我后来找到了一位很棒的经纪人，尼蒂·马丹，她

---

[1] run-on sentence，两个主句之间不用连接词或错用标点的句子。

帮我找到了一位完美的编辑，艾米·艾因霍恩，在她们俩的帮助下，我的书才成了现在的样子。好多个月里，我的书稿被来来回回地修改，各式各样的编辑们在稿纸边缘的空白处写评语，一直让你改到你觉得这本书已经完美无缺了。然后这本书出版了。你会突然发现一个没被发现的错误，你这才确定这本书的确是你写的。

在编辑的过程中，我根本分不清那些写评语让我修改的编辑谁是谁。但那些改动太过混乱与诡异，于是我专门做了详细的笔记，因为其中有一些常常比本来的故事还要有意思。有些人读了这一章后，会为我的编辑们感到非常难过。这很合理，所以你应该给他们寄点儿饼干和伏特加。但从另一方面来讲，正是因为有像我这样的人，才能保证他们永远不会失业，而且泡酒吧时总有些精彩的故事能讲给朋友们听。如果他们没在自慰的话（可能吧），自动拼写更正系统，真是太谢谢你了。

我在还没编辑的手稿上写给编辑们的笔记：

·"这里应该放一段字。我还没有搞清楚应该放什么字，但从本质上来说不就是 27 个字母 [1] 来回变吗，我只是还没决定好该怎么排列组合而已。"

·"这地方我写了些激动人心的东西，然后猫拔掉了我电脑的电源。但这真的是太太太太太好了。我们能不能就把一句'你

---

[1] 珍妮又来了……

会喜欢这个的'放在这儿就行了？"

· "我能在这里插入一段视频吗？关于一个快乐的山羊宝宝？因为人们喜欢这种鬼东西。我从来没见过电子书或平装书里有视频插入的，所以这将是个革命性的突破。我们应该开创先河。"

· "在这一部分，我可以很容易地用一个非常诙谐且略显堆砌的词来切入我的观点，只是我现在真想不出来，因为苦杏酒很好喝。"

当我在写我的第一本书时，一位编辑寄给我一张速查表，上面列着编辑文章用的速记符号，她告诉我不要害怕"stet"，然后我就问："你是想说'抄袭（steal）'吗？"因为这个建议听起来很古怪，而且编辑竟然会拼错字，这也着实让人生疑。这该不会是个考验吧？接着她说："不，'stet'是被动虚拟语气，源自主动语态第三人称现在时的单数虚拟语气，用来表示一个被标记了的改动应该被忽略。"然后我说："你用的是你凭空捏造的语言吗，没人听得懂啊，你这个巫师。"她笑了，但我可是很把这当回事的。所以我查了一下，发现基本上如果有人在你的手稿上标注的评语是错的，你就可以写上"STET！"，而且它的意思是**"让它待在那儿"**。在我的脑海里，只有摩西或邓布利多这样权威的人物才能这么喊。但在这本书里，大多数情况下它的意思只是："是的，我知道这一块儿写得乱七八糟的。但这种乱七八糟是故意为之的。是为了艺术的考虑。"那通常是一个让英语老师想要自刎的流水句，或者是我胡编乱造的一个单词，我只是想赌一把，看看它能不能被收录到字典里，或者故意用错语法，因为有时候这么胡写更好玩。"Stet"是我最喜欢的动词，有了它，我的生活就像是开启了烘干机模式一样简单。Stet = Yes，乱七八糟的，但我喜欢那样。

有关 stet 的真实案例：

现在是下午两点 *，我还穿着睡衣。维克托因此一直冲我大声嚷嚷，所以我把所有的睡衣都扔了，从此开始穿着舒适的裙子睡觉，这样我就时时刻刻都着装得体了。Stet。

追了 Netflix 的那么多剧，它却总是用一句充满审判意味的信息**"你还在看吗？"**问我是不是还活着。Stet。

客房浴缸里有五只寄养的小兔子，维克托还没发现它们。**像风一样 STET，浑蛋！**

但有时你没法儿靠着 stet 蒙混过关，因为编辑有时候要比这困难得多。这就是为什么我收集了一系列与不同编辑的对话，它们就写在这本书的空白处。这些编辑是谁？有时他们是专业人士，有时他们是我的朋友，有时他们是我的家人、我的经纪人或是货真价实的编辑。但我怀疑他们都有一个共同点，那就是在内心深处他们都恨我。当然，他们会拥抱我，告诉我他们爱我。给我戴上用被车撞死的动物的脸做成的帽子。但我怀疑，如果他们真的爱我，那也只是因为我永无止境的失误保证了他们不会丢工作而已。而且和我比起来，他们会觉得自己很不错。我的朋友凯伦称我为"门萨俱乐部[1]里的布兰妮",因为我看起来像是一个神经质的怪人。但大多数时候我不仅是在开玩笑,而且还能很聪明地意识到我就是那个笑话。并且我还真是。但我怀疑,如果凯伦看过我的初稿,那她可能对我会改观,因为就连猫头鹰都比我会用分号。而且我拒绝进一步了解牛津逗号[2],所以我也不知道在逗号用法上我是哪一个阵营的。我永远都分不清句号是应该放在引号内还是在引号外。我不在段落开头缩进。我故意把"该死(goddamn)"这个词拼错,因为我觉得如果我拼错了,耶稣就不会知道了。我总在句号后面打两个空格,这说明我肯定已经四十多岁了,因为那时候都是这么教的,如果你想要在那些沉重、可怕又诚实的打字机上打字的话。如果我改了,就有点儿像是在我七年级打字课老师的坟头上撒尿。而且,我也不想改。

但这些都不是编辑工作中遇到的主要问题。下面这些事才是:

编辑:你写黑胡子[3]把割下的头颅放在壁橱里,这事我没法儿确认。信息来源是?

我:这是一件很出名的事。来源的话,比方说,书?

---

[1] 世界顶级智商俱乐部,会员的智商测试得分必须在 148 分以上。
[2] 英语中逗号的一类特殊用法,通常情况下用在枚举事物时,指出现在 and 或 or 等并列连词之前的逗号。本书内文也做了调整。
[3] 世界航海史上最臭名昭著的海盗,他长着浓密的络腮胡子。

编辑：你能告诉我具体信息来源吗？

我：好吧，我刚在网上查了一下，我也没找着。那么到底是谁在给黑胡子收藏断头这一丑闻洗白呢？因为有人把这些信息从网上清掉了。

编辑：？

我：等等。等一下。原来把砍下的头颅藏在壁橱里的是**蓝胡子**（Bluebeard）[1]。不是黑胡子（Blackbeard）。但在我看来，他们的姓氏是一样的，所以他们很可能一直被人们认错。

编辑：我觉得"胡子"不是他们的姓。

我：那我们求同存异吧。

编辑：你用了"查理马（Charlie horse）"这个词，但这个词应该是"腿抽筋（charley horse）[2]"

我：但"查理（Charlie）"不是那么拼的。为什么要这么写？

编辑：没人知道。

我：**那你怎么知道我错了？**就因为有人在 19 世纪把查理拼

---

[1] 法国民间传说中的人物，他长着蓝色的胡子，杀了很多人。

[2] 在美国，把腿抽筋叫作 charley horse 的原因众说纷纭，有一种说法是为了向一位常常在比赛时抽筋的棒球选手 Charley 致敬。

错了，所以我现在得挨骂？

编辑：如果你愿意，我们也可以把它拼错。

我：我把我的土豆饼全撒在地板上了。我现在做不了决定。你跟着你的直觉走吧。

编辑：你漏写了一个先行词[1]。

我：不，是你漏写了一个先行词。

编辑：什么？

我：没关系。我喝"最"了。

编辑：醉了

我：你说得真好。

编辑：你写"你谈自己谈了一个小时，让人不得不假装被你的小细节（minutia）所吸引"，为了语法正确，我们应该把后半句改为"让人不得不假装被你的小细节们（minutiae）所吸引"。

我：这么改绝对不对。

---

[1] 指被定语从句修饰的名词或代词。

我：在这个句子上我需要帮忙，因为我觉得它需要一个分号，但我不知道该放在哪儿。

编辑：那句话其实不需要分号。我会给你发一个好用的链接，教你什么时候用以及怎么用分号。

我：那些我仍然搞不明白的东西；**分号**。

编辑：哇。

编辑：当你没用逗号隔开就用引号的时候，代词和动词应当与整个句子保持一致，所以引号中的"我"指的应该是你，而不是维克托。讲道理，虽然它在语法上不够完美，但避免了代词颠倒的问题，放在你的文字里似乎也很流畅。

我：我完全听不懂啊。老实说，你还不如去跟我的狗说呢。

编辑：还有一个办法，你可以在引号里用括号里插入正确的代词："（他）宁愿把（他的）蛋蛋切掉也不愿意听（我）说如何同一只死羊来一场三人行。"

我：现在我为我俩感到尴尬。我的意思是，我更尴尬一点儿，显然是这样。

编辑：猴子服务员（monkey waiter）之间没有连字符。

我：你怎么知道要连字符？这世上还没有猴子服务员呢。

编辑：日本是有的。

我：很明显我们应该多交流一下。

编辑： 是黛布拉·梅辛画的那些穿考斯比毛衣的屁眼吗？

我： 我不知道。这幅画签名的是黛布拉·梅斯林，但我不知道是不是那个黛布拉·梅斯林。

编辑： 从法律上来讲，把这一段全部删掉可能会更保险。

我： 同意。另外，我还有些有用的建议，不要在网上搜索"黛布拉·梅斯林的屁眼"。现在我得想办法清除我的网络搜索历史。

编辑： 明白了。

编辑： 你在这里用了"反对（adverse）"这个词，但我认为你的意思是"厌恶（averse）"

我： 我不会屈从于你的权威。

编辑： 所以……你想让我把它改掉吗？

我： 天哪。我刚查了一下，你说得很对。显然，"反对"这个词我这辈子就没用对过。我原来以为我是"反对"改变，但事实证明我是"厌恶"改变，因为前者是一种反应，而后者是一种感觉？如果我不是那么反对改变的话，那我可能会更容易接受这个事实。

编辑： 你现在这么说是故意的吧？

我： 差不多。

我：我觉得很难过，我的作品里有这么多错误，让你们一直在找。我觉得留言给你们说"你是对的"简直是在浪费时间。从现在起，我可以用一个大便的表情符号（emoticon）作为"对不起，我的文字狗屁不通"的简写吗？

编辑：所有的手稿都需要修改，这很正常。还有，你那张大便图是一个"颜文字（emoji）"，表情符号（emoticon）是对面部表情的一种文本的印刷显示。

我：天哪，我连"大便"都用不好。

编辑：你在这里从现在时态转成了过去时态，所以我们需要改一下，让时态保持一致。我建议你把"我疯了（I was crazy）"改成"我疯了（I am crazy）"

我：好严格啊。而且精准。

我：我知道我在这儿拼的"怪异"没问题，但它看起来很陌生。所有其他带"ei"的单词发音都像一个铿锵有力的 A，像"血管（Vein）"，"嘶鸣（Neigh）"，"八（Eight）"。这样的话，那为什么"怪异"不发成"韦尔德（Wayrd）"的音？我越盯着它看，就越觉得它更错得离谱。

编辑：这时候告诉你说更错（wronger）这个词根本不存在是不是时机不对啊，是吧？

我：如果我现在被刺了一刀，你还是能帮忙就把这本书修好，对吧？我们能不能假装那件事发生了然后你来接管？难道我真的需要被刺伤吗？

编辑：咩事的 [1]。

我：你刚才用了"咩"这个词吗？

编辑：用它很别扭，但似乎你需要它。

我：你知道吗，你是个好人。

编辑：douchecanoe[2] 这个词中间没有连字符

我：没有。你弄错了，我誓死捍卫这一点。**别逼我掀桌子。**

编辑：不知道该怎么编辑这一块儿。什么是卓柏卡布拉（chupacabra）？

我：真的吗？**你怎么可能不知道这个墨西哥的吸山羊血的怪物呢？**我想现在我们扯平了。

法律部编辑：从法律上来说，你不能讲这本书可以驱走尸体。

我：我也不能合法地擅自闯入那些出人意料的葬礼啊，但这并不意味着这事就不会发生。我们能不能加一个注释：如果有人发现有一具尸体粘在了这本书上，他们可以把这本书连同尸体和一张清晰的收据寄给我，然后我会很乐意把钱退给他们吗？

---

[1] 这里编辑用了非书面语，咩表示没有，类似 gonna 表示 going to。

[2] douch 和 canoe 分别是两个词，连用时，意思是粗鲁的、讨厌的或卑鄙的人。

法律部编辑： 可能不行。

有声读物编辑：（在这儿插入一堆单词） 的发音不是你这样的。

我： 那是因为有很多词我只读过，却从没听谁说过。如果我的发音很离谱的话，那我们能不能在封面上加一个注释，说在英国它们就是这样发音的？就说我用的是女王英语[1]，或者是国王英语？取决于现在英语是谁在管。反正不是我。我甚至连"hyperbolic（双曲线的）"的音都发不准。但当我说这是英式发音时，每个人都信了，因为那些该死的发音很花哨，听起来就像你在用草书说美国话。

有声读物编辑： 如果英国人也在听这本书呢？

我： 我很确定他们已经习惯我们美国人把他们的单词弄得乱七八糟的了，所以即使我的发音在哪儿出了什么错，他们也会说："哦，那一定是'新'英语。他们只是每十年就把英语多毁掉一点儿而已。天哪，这个女人好进步啊。我倒想听听看她会怎么说中尉（lieutenant）这个词。"答案是我不会说这个词的，因为它太令人困惑了。英式发音里加了很多字母里根本就没有的音，所以我才会说得一团糟。这就像是一个恶作剧，他们以为我们一直会上当下去。

---

[1] 英格兰南部的英语口音，被一些人认为是最标准的英语口音。

编辑：我们需要把全书中的"珀加索斯（Pegasus）"都写成大写。

我：它们是很不错，但真的需要大写吗？你不会用大写字母写"独角兽（unicorns）"，那为什么我们要把"珀加索斯"弄成大写呢？

编辑：Pegasuses 这个词不存在。只有一个神话生物的大名叫作"Pegasus"。其余的都只是些长着翅膀的马。

我：只有一个 Pegasus？就像《高地人》[1]那样？我的整个人生怕不是一个谎言吧。

总之，编辑即地狱，它会让你意识到自己究竟是有多么愚不可及 **，但最终它的结果是好的，因为你能学到新的东西，这就是书的用处。

即使对作者来说也是如此。

见鬼，对作者尤为如此。

STET!

---

[1] 1986 年首映的美国电影，一位拥有不死之身的西班牙贵族为了成为世界的唯一霸主，不惜花上四百年的时间去追寻另一个不死人，跟他决一死战。

*维克托刚巧读到这里，然后写了个评语："下午两点没什么大不了的。换成凌晨两点才叫人担心吧。"但是下午两点对我来说就像是个有点儿晚的清晨时分，因为我一直看《英国烘焙大赛》到天亮。**STET 那句胡话，浑蛋！**（我想这句话可以作为我下一本书的书名。）

　　**我现在就在编辑这本书，在页边的空白处我的编辑会写下"引用掏出来"，这句话的频率把我给惊到了，我说："天哪，她讨厌这本书。她把所有东西都掏出来不要了"，但事实证明，"引用掏出来"是一个速记词，意思是"这可能会成为一段很好的引文，可以把它拿出来，在这本书上市的时候做推广"，这正是我为什么需要一个在编辑和作者之间做翻译的人。

我今生目睹的第一个撒旦仪式

烹饪对我来说毫无吸引力。我的意思是，显然有人很喜欢它，因为蛋糕总被源源不断地做出来。但是烹饪是一门我从来没有学过的语言。这很奇怪，因为我的父母都下厨，虽然方式截然不同。

我妈妈是一位了不起的厨子，不管手边有什么食材都能凑合着把我们喂饱，所以我们吃过成吨的炸鹿块。在我们有钱的时候，我们吃土豆泥和肉汁，没钱的时候，我们就会把不新鲜的白面包切成细条，假装那是土豆泥。这听起来有点儿可怜，但其实特好吃。

而我爸爸每一次做饭都像是一场冒险，从某种程度上说的确如此，因为我们竟然幸存下来了，这总让人觉得有点儿不可思议。当我8岁的时候，他意想不到地带了一只山羊回家，这是他做动物标本换来的，还是一个谢礼来着？因为他救了一个被蛇咬伤的人，帮他保住了手臂。我妈妈不愿意把羊做熟，因为她不想把一整只山羊放进她干净漂亮的烤箱里。我和妹妹发现了那只山羊，在爸爸卡车的车斗里，然后给它取名叫山羊儿·山羊森（Goaty Goaterson）（我们不是很有想象力的孩子），而且还短暂地幻想了一下，它会成为一只多么好的宠物啊。直到我们意识到山羊儿不是睡得太沉了，而是死了。我爸爸试图说服我们，让我们劝妈妈把山羊给烤了。但你是不能吃你取过名字的东西的，最后他叹了口气放弃了。几个小时后，他挖了一个大洞，把山羊森先生埋在了后院里。

这看起来很奇怪，因为我爸爸是一个现实主义者，所以我以为他会把山羊的尸体投喂给他发现的、正在照料的、快恢复健康的野生动物。但是，山羊森先生似乎给爸爸留下的印象很深。我走过去，安慰地拍了拍爸爸的后背，用冰棒棍为坟墓做了一个小小的十字架。我爸爸忙着收集大树枝了，我觉得这很奇怪，因为他从来没有为我们宠物的坟墓做过什么标记。我提醒他，他埋好山羊森先生（我们对死者怀有更多的尊重）的地方距离我们上一只死了的宠物（被压扁的仓鼠）只有五英尺，然后我爸爸解释说山羊儿是不会加入我们宠物墓地的。它就在地里待一天，但下葬不是这么回事啊。除非你葬的是耶稣，但即使是他，也需要一个坟墓，还得被埋上三天呢。坦白地说，这只山羊不可能是耶稣。说真的，当我们见到它时，它还只是一只山羊。我想知道我爸爸是不是在山羊儿身上看到了我们看不到的东西，或者是他完全丧失了理智。我没机会问他这个问题，因为我爸爸的六个朋友出现了，他们围成了一个圈，然后在山羊的坟头上燃起了一堆篝火。就在那一天，我目睹了我心目当中的人生第一个撒旦仪式。

我跑回屋里把这些可怕的事情告诉妈妈，而她解释说我爸爸决定做一个"土烤箱"，在土地里烤山羊。她还告诉我不要吃"在土堆里流油先生"，她的这个建议对我来说毫无必要。

我记得我看到了很多成年男子，他们踩着脚踩灭了蔓延到我们后院干草的火。我不清楚他们知不知道，他们脚下还有我们所有死去的仓鼠和猫。而且它们现在也在被火烤着，虽然比较轻微。我不觉得我爸爸和他的朋友们要吃其他死了的宠物（主要是因为它们那时候可能已经完全变成木乃伊了）。但他们都是富有冒险精神的人，而且他们的决策能力是那样的令人困惑。所以如果他们真的不小心在挖山羊的时候挖出了一只仓鼠，我怀疑他们会认为这是一块肉干，然后至少尝上一口。吃从宠物墓地挖出来的东西是需要一些勇气和胆量的，即使你提前把它用锡纸和多香果包起来了。

这种事在我们家里并不罕见。我爸爸喜欢在屋外做饭，但只是户外烧烤过于平平无奇，所以他经常自己生火烤松鼠、鹿、牛排、更多的松鼠，还有些面目全非的东西。他常常兴奋地冲进屋子里，叉子上戳着一块很大的、还滴着液体的东西，一只手接在叉子下面，仿佛是要在它突然复活的时候一把抓住它。他兴奋地向我和妹妹下令："**尝尝这个！**"我们猛摇头，还试图躲进壁橱里。而我妈妈则大喊："亨利，地毯上到处都是滴的血。"他会失望地看着他无聊的家人，她们永远也不会知道户外烹饪的乐趣，也不会知道土拨鼠和破伤风是什么味道。

我和妹妹从没真正喜欢过那些烤鸡，它们的体内被塞进了成罐的啤酒，这样当啤酒被煮沸时，蒸气就会通过它们的屁眼进入体内。尽管看着这些鸡一边笨拙地跳舞，一边玩着史上最糟糕的啤酒漏斗挑战 [1]，还是挺有趣的。大多数孩子都经历过拒绝吃青豆或芽甘蓝的阶段。但我们吃东西的底线是，我们绝不会吃任何在我们面前被灌肠的东西。我爸爸经常说我们的想象力不够丰富，但我们已经把撕碎的面包当成土豆了，所以我们的想象力已经超标了。（另外，白面包配肉汁也很好吃。可能这就是我们都是糖尿病前期的原因。）

我们的态度让爸爸困惑不已，他虽然是在这个国家里长大的，但他的父母都是老派的捷克人，他们绝不会允许任何东西被浪费。他们在厨房的桌子上做香肠，把肉磨碎，然后将肉塞进肠子里，如果我当时年纪大到知道什么是避孕套的话，我会觉得这看起来像是个骇人的巨大避孕套。其实吧，我只是觉得既然已经有了保鲜盒，我们竟然还在用肠子储存食物。我奶奶说我把最重要的部分给漏了，因为肠子"又脆又好吃"。我本想和她争论的，但是她说得完全正确，而且就在那天早上，我还看到她把一

---

[1] 把一罐啤酒倒进一个由漏斗和导管组成的工具里，把酒一次性摄入体内，而对摄入体内的方式不设限制。

只鸡的头给扯了下来，接着那只断头鸡慌乱地冲进了车流里。*
她之所以能那么随意、轻松地就把鸡的头给撕下来，是因为她曾经在农场生活过。但对我来说，这更像是在提醒你，也许你不应该和你这个不走寻常路的奶奶争辩，因为你根本就不知道她到底有什么本事。

幸运的是，我爸爸现在有了外孙、外孙女，他们比我和我妹妹有冒险精神多了。他们会毫不犹豫地尝试生章鱼、猪脚或内脏。他们为能和外祖父母在一起待好几周而倍感兴奋。我们不准他们喝自制的烈酒，我妈妈也不会让他们接触任何过于危险的东西，但他们比我和丽莎更喜欢这种古怪的乡村生活（可能是因为这对他们来说很新奇，很不寻常）。他们会去打猎，做饭，照顾那些在我们祖屋周围游荡的动物。我俩告诉他们玩完鲶鱼后要洗手，而且要把门关上。这样邻居家到处乱跑的孔雀就不会像要被杀一样，尖叫着闯进房子里到处拉屎了。

上个月我回家待了一个星期，我妹妹也把她的孩子从加利福尼亚带回来了。我们都住在我父母家。最后一天，我们去看了父母最近才买的一小块地。这是他们把家里的耕地卖了之后买的。那里到处都是树木和仙人掌，满目得州风情，还有些绵羊和鹿。我们在一座可以俯瞰陆地的小山上落了脚。我爸爸已经准备好了一辆旧西部风格的查克马车和一个岩石壁炉，我们生了篝火，孩子们在干涸的河床上玩耍，我和妹妹最后统一了意见，也许我爸爸还是有点儿想法的。但好景不长，我们发现方圆数英里的地方都没有厕所，而且地上的仙人掌太多了，你根本不可能毫无畏惧地蹲下去。但后来，我爸爸自豪地把我们领到了他和他外孙用旧谷仓木搭起来的一个厕所。他解释说，钉在门上的那本十分精准的古董年历可以用作厕纸，那儿还有一袋子玉米芯，丽莎低声说："玉米芯是做什么用的？"我回答说："维多利亚时代的卫生棉条？"结果它也是用来擦屁股的，这就是为什么我从没试过时间旅行。我们决定了，也许我们并不像我们想象中的那样喜欢户外活动，而且认为我们应该憋住。但后来丽莎放弃了，因为她讨厌尿路感染，甚至可以在一袋可疑的玉米芯旁边小便。我爸爸大喊：**"别忘了用那根搅蛇棍。"**然后丽莎说："我现在想回家了。"但我爸爸解释说，你得把一根大棍子放进拉屎的洞里，用它摇晃一下，确保里面没有蛇藏起来。然后丽莎和我立刻后悔为什么没带上成人尿布了。在犹豫了几分钟之后，她勇敢地拿起了那根搅蛇棍，但为了不让里面太黑，她让门开着。当她下来回到我们身边时，她说："我没被蛇咬，我尿完了，我还看到一群松鼠在墓地里互相追逐。"（那儿有一个自建的墓地。我之前忘记说了。）"那是"——她停下来，想找到合适的词汇——"我一生中尿得最美好的一次。"所以我也去尿了。她是对的。我爸爸感到很自豪。

然后我问，那个洞里要是真有一条蛇会发生什么，我爸爸只是盯着我看。然后我们意识到，我们那样只是在激怒一条浑身大便而又无处可去的蛇，它唯一能做的就是跳到向它挥舞棍子的人跟前。我默默地感谢上帝帮我们疏通了下水管道。

我试着在火上给孩子们烤棉花糖巧克力饼干，但在家人把我赶走并提醒我做饭不是我的强项之前，我成功地把棉花糖、塑料袋还有我裙子的下摆都烧着了。他们是对的，在某种程度上。但是当太阳开始落山的时候，我意识到这一切都会被我们当成一个精彩的家庭故事，一直互相讲下去。所以也许我每次烧水都会着火，但我可以"烹饪"出我们能一起品味、享受、体验的故事、回忆与时刻。它们既可爱又古怪，格调不高却又独一无二。我的配方来自我的家族传统——用爱精心打造。它们并不总是恰到好处。有些煮过头了，有些是没煮熟。但那些故事最终还是属于我的。而且它们几乎从来不会让任何人笑不出来，所以我认为这算是一种成功。

◇

* 为什么鸡要过马路？因为我奶奶在马路边把它给杀了，而它还没意识到自己已经死了。

为这个脚注的旁注：你知道吗？在 20 世纪 40 年代，有一只无头鸡安然无恙地活了 18 个月。因为农夫用斧子砍下了它的脑袋，却没伤到它的颈动脉和脑干！他们给它取名为"奇迹迈克"，用眼药水滴管喂它牛奶，直到有一天它意外地被自己的鼻涕呛死了。这是一种相当尴尬的死法，毕竟它是那种被人用斧头砍下脑袋后还能接着活的硬汉。我一直在想，农夫之所以没再补一刀，是因为他认为这只鸡有不死之身，或者是因为他的孩子们在这个"事件"发生之后给鸡取了名字。而你是不能吃你取过名字的东西的。不管怎样，对他们俩都是会让人不舒服的羞耻，因为迈克对于那个农民来说实际上是一个活着的、会走的失败。

上个脚注的旁注的脚注：你听过"为什么鸡要过马路？是要去另一边吗？"的笑话吗？直到上周我才听懂。我以为这只是一个类似于"为什么猪要吃午饭？因为它饿了"的笑话，尽管维克托说这不是个笑话，然后我就说："是啊，我以为它的笑点就是它一点儿也不好笑。"但后来我看到了一个以这个笑话为蓝本的漫画，里面有一只鸡，因为被汽车撞了变成了一只鬼，它还说了句"值了"，然后我恍然大悟，**"哦，天哪，'另一边'＝死亡。那只鸡是自杀的。"**我这才第一次听懂了这个笑话。现在我想知道，有没有其他什么特别简单的事情，我以为我懂了，但实际上我根本没弄明白。维克托说，可能多得数都数不过来了。我本来是会和他据理力争的，但我还没从这只鸡带来的顿悟里缓过神来。现在我对所有的事情都持怀疑态度，包括到底该怎么用脚注这件事。

坏了的东西（们）

在我上八年级的那一年，为了装酷你需要有三样东西：串珠项链、一个皮革笔记本和斯沃琪手表。

严格来说，你至少得有三块斯沃琪手表才能称得上酷，而且你必须把它们戴在同一只手臂上。我向妈妈要了两块斯沃琪手表作为圣诞节礼物，她说如果我想要一个作为礼物的话，我可以得到一个。我向她解释说，不知道为什么，只戴一块还不如一块都没有呢。她说那太好了，因为我刚刚为她省下了 35 美元。如果我们那一代人够聪明的话，我们就会把这些手表都设成不同的时区，并解释说这是一种具有全球意识的象征。但根据我妈妈的说法，它们的时间都设在我们集体失去理智的时候了，一个 14 岁的孩子到底是要去什么样的场合才会需要一块手表？更不用说需要三块了。她说得有道理，所以我转头找她要——并且还惊讶地收到了——笔记本和项链作为圣诞生日（birthmas）的双重礼物。

（圣诞生日[1]是一个悲剧的组合型节日，如果你出生在圣诞节的前后几天，你就会有一个圣诞生日，每个人都筋疲力尽，无暇顾及，然后你在节日里打开的所有礼物都写着一句潦草的"这也是你的生日礼物"。）但那一年我并没有抱怨，因为光是皮革笔记本就要75美元，这在我们家算是一笔巨款。

这是我妹妹的皮革笔记本，因为我太不靠谱了，所以我的已经找不着了。

直到最近我才意识到，不是每个美国学校都把皮革笔记本作为酷的标准，我和我的朋友劳拉进行过一次"记得当时"的对话，发现她从没听说过这些笔记本的事，尽管她和我一样是得州的乡巴佬。在我老家，当你刚上初中的时候，你就会去当地的马鞍店，让他们用厚重的马鞍皮给你做一个三环活页笔记本，然后你就可以把它一直用到高中了。你的名字会手工刻在封面上，就像20世纪80年代每个人都有的那种皮带一样，你的名字周围会有马鞍图案，并且整个本子都能用拉链合

---

[1] Birthmas 是由生日（birthday）和圣诞节（Christmas）组成的合成词，指一个人的生日在 12 月 20 日到 1 月 5 日期间，与圣诞节假期接近。

上。如果你在整个中学生涯里都没有一个皮夹笔记本的话，那绝对是闻所未闻的。

它们闻起来像母牛，还带着你妈妈用的那种食用油的味。因为你想让它看起来又旧又酷的话，给你的笔记本上抹油是一个让它加速变老的方法。当我妈妈看到我把漂亮的皮革磨坏了的时候，她非常生气，但我们也不可能像个怪人一样随身携带着一本崭新的金色笔记本。只有一个用死去动物做成的笔记本看起来像是从肮脏的嬉皮士那儿继承下来的时候，你才会觉得它很酷，而让它呈现出古旧光泽的最好方法，就是用可以使它自然老化的东西——因为摸它而沾上去的油。当然，手没那么油腻，所以我们都很聪明地利用现有资源，也就是把油腻腻的、青春期的额头和鼻子抹在我们那些用尸体做的笔记本上，因为这么做才酷。

我知道你们都在冲着这荒唐事直摇头，但我想那只是因为你们家那边没有一家马鞍店在为你们做学习用品而已。不过，我敢打赌，你以合群的名义做过很多荒谬的事情。比如说，串珠项链。在 80 年代，我们学校每个人都有一条串珠项链，你可以在简单的链子上串上豌豆大小的金珠。它们一定很贵，因为我们年级最富有的女孩也只有七颗珠子。为了证明它们不是假的，你必须轻轻地咬在珠子上。它们是用很薄的金子制成的，很容易产生凹痕。所以上面留下永久牙印可以向所有人证明它们是真的。让一件东西变得特别的唯一方法就是永久性损坏它，这听起来很疯狂，但是我们把那些牙印当成钻石在炫耀。我妈妈已经很生气了，因为我毁了我的皮革笔记本，用脏脸把它擦了个遍。但当她看到我故意把我拥有的唯一一件真金首饰咬碎时，她只是盯着我，然后发誓从此以后只给我买已经坏了的东西。

这我都知道。渴求破坏听起来很荒谬，但老实说，这一切都开始于几年前上小学的时候。那时人们给彼此打上烙印是为了好玩儿。同样，我以为每个人都这么干过，但显然不是所有人都会允许班上最受欢迎的女孩，用橡皮狠狠地擦你的手背，直到撕下来好几层皮，留下血淋淋的一片，以此来证明你很酷。因为你连被伤害都不在乎。看起来这件事的发生肯定有什么原因，但我觉得原因可能只是"你有多蠢和（或）无聊？"

开始的时候的确很蠢，但后来就变成了让你最好的朋友给你打上烙印，有点像"搏击俱乐部"版本的友情手链。最终，有些孩子得了很严重的感染，家长们很生气，然后校长也知道了，学校到处都是谣言，说会有检查，任何有烙印的人都会被"舔"（我们拿这个词代表用棍子打屁股，在我写下这些的时候我开始感到困惑了）。这是相当可怕的，因为它发展到了一个程度：有烙印的人太多了，如果你没有，就会让你看起来没有朋友。所以为了合群，你会故意给自己找上这种麻风病样的病变，就仅仅是为了融入。家长威胁会把你打一顿，就因为你的手上有一处痛苦的红肿，这的确很糟。但更糟糕的是，你会因为自己亲自动手而被打，因为你太不受人待见了，竟然连一个为你打烙印的人都没有。

事实上，校长把我们全都叫进办公室，痛骂我们，结束的时候问我们："如果其他人都从桥上跳下去，你会吗？"这个问题问得合理，但他问的对象可是那些出于同龄人压力、故意让自己留疤作为烙印的孩子啊，就像是一群认字的羊[1]。另外，我们大多数人都因为操场上的滑梯留下了永久性的伤疤，这些滑梯是社区里的农民用旧金属板做的，所以我不确定他是否够格去评判哪里安全，哪里不安全。

我想，我们之所以会做这些疯狂的事情，就是为了在我们的人生里创造一点儿独特的记忆……笔记本上用手摩挲过的痕迹让人知道我们上哪儿都带着它，那些曾经完美无瑕的金珠子上留下的真实牙印，以及原始的"文身"都显示了我们童年时第一次加入帮派的丰功伟绩，还有我们那糟糕的决策能力。但这并非重点。

如果我仔细观察这些构成我人生的故事，一个奇怪的主题就会出现。这是一种"只有坏了的东西才最真实"的观点。

我想，从某种阴暗的角度来讲这说得通。毕竟，生活改变了我们……它咬住我们，在我们身上留下手印、标记和伤疤。尽管我们试图忽略这些事情，但最终它们造就了我们。不管是好是坏，我们都会改变，会感动，会破碎，会愈合，会留疤。而那些标记（从里到外）都在讲述一个故事。它们讲述了我们的故事。

有时我们会把它们藏起来——那些别人带给我们的伤害（或

---

[1] 指"羊群效应"，即"从众效应"，一旦有一只头羊动起来，其他的羊也会不假思索地跟着它。

者更糟一些，是我们自己作的）。我们把它们藏在袖子里，或者塞进口袋的最深处。我们试图假装自己从未为此难受。但这是一个奇怪又毫无意义的行为。几乎任何一个大活人都肯定能明白这一点，他们甚至还可能打开话匣子，谈起他们一直在世间遮遮掩掩的缺陷。如果我们可以互相分享我们的痛苦，不知道为什么，这世界反而会让人感到更安全。它会让人更容易面对。通过分享我们的痛苦，我们激励了其他人也来分享他们的痛苦。如果我们学会骄傲地带着自己的不完美生活下去，我们就不会那么孤独，就像有瑕疵的珠宝一样，仍然可以熠熠生辉。

我的房子惨不忍睹，因为我打扫了它

今天我们的房子为了躲我差点儿自杀，我真的不想为这事伤心。

听我解释。

我们家有个中央吸尘器。如果你不知道它是什么，那我们俩半斤八两，因为它对我来说也是个新鲜玩意儿。很明显，我们的房子在 80 年代建起来的时候，中央吸尘器就是在墙上安装的气动管道，能帮你打扫房子。基本上，只要把真空软管插进墙上的洞，你的房子就变成了一个吸尘器。但你知道你必须得找一个能把所有脏东西全都倒进去的箱子，然后再把它清空吗？因为我不知道。

相关报道：我的房子刚刚着火了。

我是说，我只是以为脏东西会流到下水道里。就像是个污水管。我没认真思考过我冲进马桶的东西最后去了哪儿，所以我以为吸尘器管道跟它是一回事。但显然不是，这就是为什么现在整个房子里都弥漫着一股烧了四年死猫的味道。**而这正是我不打扫**

房子的原因。

维克托和我不得不打开中央吸尘器的垃圾桶，这样我们就可以灭火了，但是这个垃圾桶倒挂在车库的天花板上，当我们打开固定它的阀门时，它爆炸了，装在里面的垃圾冒着烟，燃烧的余烬像雨点一样洒向我、维克托还有整个车库。当然是这样了，**要不然呢？**我不知道你有没有洗过垃圾火淋浴，但这一周的情形差不多就是这样。不管你是从字面上理解，还是觉得这是个比喻。它会让你重新思考你的很多选择……比方说我选择忽略那些我不想去想的事情，直到它们真的在我身旁着火了，这可能是我身上最具美国特色的东西。

我们没法儿把车库里的垃圾都用吸尘器吸起来，因为很明显，房子的中央吸尘器罢工了，所以维克托抓起家用吸尘器，我立刻大叫道："哦，别碰它！**里面全是屎。**"维克托盯着我看了好一会儿，我说："不是我的屎。"然后他叹了口气，就是那种听说你的老婆把你的吸尘器里塞满了屎时你会叹的气。而且，里面可能真有我的屎。

听我解释。再一次。

上周，维克托出城了，亨特·S.汤姆猫一不小心把一袋打开了的猫粮撞翻进水槽里，我用吸尘器吸出了卡在下水道里的食物，效果很不错。但你知道水槽的管道通向下水道吗？而且你知道吗，一不小心让整个吸尘器里都灌满了恶臭的回流污水真的很容易吗？

因为，**这事同样没人告诉过我。**

老实说，这整个星期都是一门课程，围绕着下水道、吸尘器，以及糟糕决定的间接后果。

我之前有想过，把那个已经彻底毁了的吸尘器和垃圾放在一起，因为我再也用不着它了。但我担心会有某个好心的回收人士把它捡起来，然后把那一大袋可耻的污水带回家。我敢肯定霍乱大流行就是这么开始的，最后谁也跑不掉。所以在我把它扔到垃圾场之前，我就把它放在车库里。然后我把这事完全给忘了，直到那天我用中央吸尘器把房子给点着了。

维克托生气（或是钦佩？）得连话都说不出来了，他只是一边瞪着我，一边慢慢地把那台脏兮兮的吸尘器滚到垃圾桶里。然后，我也乐于助人地在它的前面贴了一张便条，上面写着：**"里面有屎。"**

然后，维克托进屋了，也许他是准备和我离婚，我趁机开车去商店买了一台崭新的家用吸尘器。

我用吸尘器去吸吸尘器，我很确定虫洞就是这么出现的 [1]。但是，一件比虫洞出现还要糟糕的事情发生了。当我试图用吸尘器把 18 磅重的脱发和垃圾余烬吸起来时，它立刻堵塞了，我不得不叫维克托来帮忙，他为了清理堵塞物逆向操作了一下，于是那些之前喷了我一身的垃圾又重新喷了我一身。但这次我的情绪很

---

[1] 吸尘器（vacuum）英文的另一个意思是真空，所以这句话也可以理解成"我用真空去抽真空的真空"。

强烈，于是我说："我要去把房子点了。**那个中央吸尘器很了解我。**"

维克托说我反应过度了，但我敢肯定我没有，因为就在上周，我刚毁了两个吸尘器，弄脏了一个卫生间水槽，**还因为干了点儿简单的家务把房子给点了。**

另一方面，我觉得没人再敢让我用吸尘器了，所以我猜故事的结尾还不错。不过这还是很不好。或者是很好。也许都有吧。

我是一只喜鹊

我收集东西。就像喜鹊和乌鸦一样，我捡起闪亮的、奇怪的东西，然后用它们把自己包围起来。弹珠、玻璃做的动物、拼字游戏牌、纽扣。

纽扣是我的最爱。

这很奇怪，因为我不做针线活儿。但在我小时候，妈妈会缝纫，也许这就是我喜爱纽扣的原因。几年前，有一次，我看到了一张照片，上面是一个装满闪闪发光的珍珠母纽扣的罐子，我几乎能听到用手拨弄纽扣时的声音。那声音和我小时候听到的一样，那时候我妈妈用她的手指拨弄纽扣，想要找到一颗合适的给我做裙子。从我看到照片的那一刻起，我就成了一个纽扣收藏家。

一开始我只收集白色的纽扣。然后我收集了一整罐的珍珠纽扣。接着是黑色纽扣。随着藏品的积累，我从用罐子收集，慢慢进阶到用鱼缸收集。我会用我的手拨弄这些冰冷的扣子，倾听它们轻柔的叮当声，好像被它们带往了另外一个时空。我就像是把脑袋埋进金币堆里的唐老鸭一样，唯一的不同就是我的藏品毫无价值可言。再特别、再稀有的纽扣也卖不出价钱，但它们对我来说很特别。

我主要从旧货店、古董店或者易趣上买。新纽扣很贵，而且是被钉在卡片上的。旧纽扣则被放在摇摇欲坠的盒子或泥瓦罐里，逐渐被人遗忘。纽扣收藏不再流行了。它们曾经既实用又具观赏性。在我祖母年轻的时候，她认识的每个女人都自己缝制衣服。她们有布料、粉红色的剪刀（当你7岁的时候，你会把它偷来，给自己剪一个可怕的刘海）、顶针、穿线器、绘有图案的棕色样纸和一些小物件，还有纽扣。有些是新的，刚买来，还被钉在卡片上，有些是从旧衣服上剪下来准备再次使用的。纽扣比衣服活得久，也比人要久。

最近，我在卖房子的地方找到了我最喜欢的纽扣，在那些房主已经离开了（不管是自愿还是非自愿）的老房子里，到处都是房主一家人（如果有的话）不想带走的奇怪东西。缝纫箱是一定会有的。它有时候透露出那个女人会缝被子，有时会绣花，有时是个女裁缝。但纽扣是一定会有的，成箱的缝纫材料和纽扣被遗弃在一张边桌上。人们不再像从前那样做针线活儿了，他们会扔掉新衬衫上赠送的备用纽扣，因为他们知道，无论是衬衫还是他们自己，都很可能会比纽扣先磨损殆尽。

我买下这些缝纫箱，把它们带回家去仔细翻找，就好像它们是藏宝箱一样。我按颜色给纽扣分类。我剪掉了那些还粘在它们身上的线。在更为老旧的隔层里，我找到了长长的黑头发。发根还有些灰色的。这样我就能经由缝纫盒绘制出一个女人慢慢变老的人生图鉴。我在盒底看见了小号的针、生锈的顶针和旧纽扣（有些已经开裂和磨损了）。上层则是一些新一点儿的东西，比如放大镜和更大的剪刀。我看到了时间的流动，从淡雅的偏灰色复活节童装扣，到 70 年代芥末色和鳄梨色的纽扣，再到 80 年代霓虹灯色的塑料纽扣。

我经常在那些缝纫箱里发现一些小小的惊喜。一匹有我指甲盖儿那么大的黑色手雕马。一枚异国硬币，它的主人可能到访过那个国家。一个一英寸高的白色瓷娃娃。一张黑白照片，上面是一对夫妇站在开满了金银花的房子前面。它们是不是被孩子们藏起来的，希望妈妈发现之后能给她一个惊喜？或者是纪念品，她把这些东西扔进去就是为了不想让猫碰到？我不知道，但当我拿着它们想象她的生活时，我会问我自己。对纽扣和小摆件的收集，都停在了某一刻。也许她不再缝纫了，放弃了，死了。但是纽扣还留在那儿，它们讲述了一个连她自己都不知道自己在写的故事。

我把不用的部分（针、线和顶针）收起来，想有一天再转卖给收藏这些东西的人。我对纽扣们进行了整理和清洁，好好欣赏一番，然后把它们扔进我巨大的鱼缸里。

我用手摩挲它们，发现了一些我最喜欢的纽扣。军服上的金纽扣，60 年代小羊形状的红色纽扣、贝壳做的白色纽扣。很多我都记得是从哪儿弄来的。我还记得当时和我在一起的是谁，记得她们是怎么帮我细细打量古董店的一罐罐纽扣，从里面找出最好、最奇怪的纽扣。我突然就看到了它们的美；看到了它们的历史；想知道是谁把它们拿起来；谁把它们穿在身上；谁一直把它们留着，准备做一件永远都没等到的衣物。我们的手指拨弄过这些纽扣，我们记得那些我们从未谋面的女人。

总有一天我会不复存在，我无法想象我家里会有谁想要我的纽扣（他们也都是喜鹊，收藏的尽是些奇怪的、像蜉蝣一样拥有短暂生命的东西，而且藏量惊人）。在我的脑海里，我可以看到它们在我离世后被变卖，一大缸纽扣放在纸牌桌上。大多数人甚至连看都看不到它们，视线直接掠过……有些人会盯着它们看，想知道究竟是什么样的人会用鱼缸收集纽扣，而且分类的方式还这么奇怪。有些人会想知道它们背后的故事是什么，还有些人会自己编一个故事。但我相信，有一个人会停下来，仔细看，然后把手伸进冰冷的糖果色纽扣深处，那轻柔的叮当声会将他们带回到一个几乎已经被他们忘却了的记忆中，接着他们就会把一个装满回忆的鱼缸带回家，并开始问自己他们为什么会买它，没有它的时候他们是怎么生活的。我会成为那个故事的一部分。有人在我之前，有人在我之后。而纽扣则会比我们所有人都要长寿。

我是只喜鹊。

但我并不孤单。

我"离婚漂流"时没有船桨

（因为向导不相信我不会用它把维克托推下船）

10年前，维克托、海莉和我一起参加了一次团体皮划艇之旅。当我们在星空下划船穿过波多黎各的一个两岸种满柏树的海湾时，海莉坐在我们两人之间，这个海湾通向一个会发出生物荧光的湖泊，在我们的桨划过水面时，水会发光。这听起来像是一个魔法般的童话故事，但你之所以会对这场旅行抱有这样的幻想，只是因为你没有考虑到维克托因为胳膊打了石膏不能划桨，海莉怕黑，而我在夜里完全是个瞎子，甚至连我面前的脚都看不见。我用坚定的决心去弥补我什么也看不见的事实，一次次地撞进海湾的树上，那些被撞飞的树蜘蛛像小雨一样跑进我们的衣服里。

其他的夫妇可能会把它当作一次团建体验，一笑置之。但维克托不停地尖叫："**往左划**。"而我则冲他大叫："**我就是这么干**

的啊！"海莉会因为晕船，吐在她的大腿上，然后导游会叹一口气，划回来，把我们从树那儿救出来。接着我们马上又重蹈覆辙，到了最后，导游直接把我们的船桨没收了，把我们的皮划艇挂在他的后面，把我们这群愤怒的美国人拖到开阔的水域里。后来我发现，当维克托说要向左划时，他的意思其实是让我向右划，这样我们就可能让船往左边走了，这是我听过的最蠢的事情。我很高兴他没有在桑德拉·布洛克拍《蒙上你的眼》[1]的时候和她在一起，不然她可能已经死了。

老实说，我很惊讶我们竟然熬过了那一次，我们现在喜欢把那趟旅程称为"离婚漂流"，但是同样的事情已经发生了无数次了。每次我以为某件事会特有意思，实际上却完全不是那么回事。

比方说毕业舞会。每个人都告诉你，你必须得去，否则你会后悔的，因为"没有毕业舞会的回忆算什么回忆！"但没人告诉你，不是所有的回忆都是美好的。我对毕业舞会最深刻的回忆全是血。我这么写并不是因为《魔女嘉莉》。我从电视上知道，大多数高中舞会都是通过卖票来募捐的，但在我们那所得克萨斯州的乡下高中里，你若是想去舞会，你必须得为"舞蹈鸡"工作。那是一个一年一度的募捐活动，你得把几百只整鸡的内脏掏出来，烤了，然后卖出去。基本上，为了参加你的第一个正式舞

---

[1] Netflix 于 2018 年发行的科幻惊悚电影，电影中有一种谁看见谁就会死的怪物，因此桑德拉·布洛克饰演的主角为活命，必须把双眼蒙上行动。

会，让你觉得自己像个公主，你必须先花上一天的时间，在当地教堂的后院里，亲手处理上百桶刚被宰杀的鸟类。

我妈妈当时是我们学校食堂的女服务员，所以她作为志愿者来帮忙。她试着教我们这些孩子怎么把鸡脖子还有鸡身体里的东西给去掉，那时我就想：第一，什么玩意儿？第二，我不干了！她解释说，那些在鸡肚子里面的东西叫作"内脏（innards）"，但我敢肯定她只是在瞎猜，因为真要说起来的话，只要被包在什么东西里面，啥玩意儿都能算"内"，所以她这么叫，可能是因为她也不知道它们究竟是什么东西。我们把鸡的内脏掏出来，把脖子上的骨头给摘了，然后我坚持了大概五分钟吧，就把自己的"内部"全都吐了出来，于是剩下的时间我就被发配去搅拌大锅里沸腾的烧烤酱汁了。

那天我们足足处理了八百多只鸡，但是教堂的厨房空间有限，没法儿把它们都放在保温区，所以我们把鸡从胸口劈开，然后平铺起来，堆成高耸的肉堆，像积木一样，但用的是尸体。最后一批来领食物的人领到的鸡已经被压扁了，扁得都能塞进比萨盒里了。

在我们学校的年刊里有这样一张照片，我的妈妈和我班上最受欢迎的两个女孩正把什么东西从鸡屁眼里往外扯，我觉得这是我整个高中生涯的最佳写照。

在真正的舞会之夜，我穿着我姑妈万达做的一件血色连衣裙。我在舞厅里待了将近15分钟，才意识到几乎每首歌都是得州两步舞，而我从没学过怎么跳舞。我还把车钥匙锁在我的车里了，那是整个该死的夜晚里唯一的亮点。

生活中充满了这样的时刻，就是你以为某件事会特有意思，到头来却让你充满疑惑。这还是最好的情况。我经常想知道，是不是因为我们一直以来为它们赋予了过多的意义，所以它们永远都无法达到这个标准。我认为这是一部分原因，但说实话，对于那些非要硬造出什么"理所应当""重要无比""里程碑式"人生的人，我怀疑他们是不是精神变态。或许他们只是觉得既然自己经历了这些，其他人也应该经历。或者人们真的相信婚礼那天是你人生中最美好的一天，又或者只有当你完全清醒，在满是天鹅的池塘里分娩才是值得的。这群人，我敢肯定，都特别喜欢为期一周的班级聚会，喜欢洗礼、跳伞和超长的婚礼致辞，喜欢在你丈夫冲你大吼大叫时身上落满树蜘蛛，也喜欢满是呕吐物的鞋子。

我的观点是，不要让其他人决定你的人生中什么是重要的，什么是不重要的，因为很多时候，最美好的时刻往往是葬礼上荒唐的笑声，或是那些平凡而可爱的交谈，和家人或和你在监狱里意外结识的朋友们。

当我在写这篇文章的时候，维克托告诉我，我把"离婚漂流"中最棒的那部分给写漏了。我不明白他指的是什么。他提醒我说，当我们进入开放水域时，我们的向导解释说，水之所以会发光，是由一种被称为"鞭毛藻（dinoflagellates）"的发光浮游生物引起的，但他把这个词发音成了"恐龙胃胀气（dino flatulence）"。听他这么说了三次之后，我忍不住笑了起来。然后海莉也开始笑。接着是维克托。然后愤怒就烟消云散了。

在回程的路上，我们在海湾里看到了其他要去开放水域的夫妇们，他们奋力划桨却在原地打转、卡到树里、冲彼此大吼大叫，我们会意地笑了，笑32分钟前的我们，那时的我们荒唐、天真且毫无经验，但这时我们感到的是自豪和明智，因为我们安然渡过了这一难关，我们的关系也因此变得更加紧密了。

也许，你必须得经历一次"离婚漂流"才能领会到它的好处。也许这好处就是让彼此确信，你们能一起守得云开见月明。也许我之所以会把扯鸡脖子的事记得比参加舞会还清楚，是因为它的确是值得我珍藏的记忆。

但事实上，扯鸡脖子太可怕了，舞会也很无聊，而且直到今天，我一碰生鸡肉就会干呕。但我还是很高兴那次我去了舞会，不然的话，我的脑子里就总会有这么一个疑问，让我觉得我也许错过了一些重要的、会彻底改变我人生的事情。在某种程度上，我得到的比你在电影里看到的梦幻一样的舞会还要好得多。我得到了启示：适合我的不一定适合你，反之亦然。我领悟了：什么样的人生里程碑或者记忆才是重要的，这件事得由我自己决定。我还得到了一个根深蒂固的借口，让我这一辈子可以不做鸡肉。这一点让我的人生就此改变。

蚀

不是电影《暮光之城》，是另一种

你想听一个我是怎么被拉肚子的老鼠搞得差点儿失明的故事吗？你当然想听。

故事来了。

今年，每个人都在谈论日食。在我们住的得克萨斯州，只有差不多 70% 的太阳会被月亮遮住，但我还是很兴奋。遗憾的是，在我的城市里，所有专为看太阳设计的特制眼镜都卖光了，因为我是个拖延症患者，而且得州太无聊了，盯着太阳看两个小时显然比任何人预想的都吸引人。于是我上网搜索，想看看还有没有什么东西可以拿来用，以便安全地盯着太阳看。网络给出的建议是已经卖完的那种安全眼镜，还有一种落地窗的遮光窗帘（我觉得这有点儿太大材小用了，但我很感激你的提醒）。维克托后来想到，搜索结果之所以会有窗帘，很可能是因为他们的品牌名是"蚀（Eclipse）"，但我更愿意认为是因为网络越来越通人性了，它从我身上学会了讽刺。

推特上的热心人建议我去五金店买一个焊工面罩来观看日食，但维克托不愿意给我买，因为他说那玩意儿不管用，还浪费钱。我向他保证这主意没什么问题，于是他趁机告诉我，我不仅不应该盯着太阳看（**维克托，我不需要你告诉我该怎么做**），而且我还得在日食期间把多萝西·巴克关在屋里，因为他听说动物会盯着日食看然后失明。这根本说不通，因为从来没人说不让狗看太阳，而且每次遛狗的时候你也没见它们死盯着太阳看，再加上日食可不是今天才有的，它可是从太阳被发明以来就有了，我们也没看见哪儿有一群失明的松鼠从树上掉下来啊。我告诉维克托，如果他真的很在意多蒂的安全，我们应该给它买一个专给小狗用的焊工面罩，但他只是翻了个白眼儿。也许他的怀疑是对的，因为多蒂拒绝穿上我在独立日给它买的山姆大叔小胡子和小帽子，而那玩意儿真是太可爱了，所以想让它心怀感激地戴着一个小小的焊工面具在社区里转悠，你可能是对它期望太高了。

看到这里你可能会说，我大可自己去买一个焊工面具。但是，不，我不能，因为1）我不想买，因为我懒；2）我和五金店的人发生过口角，所以现在我再也没法儿去那家店了。那个故事是这样的：

上周，我在后院被三只小熊袭击了。

我得在这里暂停一下，因为当我写下这句话的时候，拼写检查在"被三只小熊袭击了"下面画了一个下划线，就好像它根本不相信我。我的反应是，**你根本不了解我的生活，拼写检查**，但结果它只是在质疑我的语法，而不是关心我的安全：

I was in my backyard when I was attacked by three small bears.

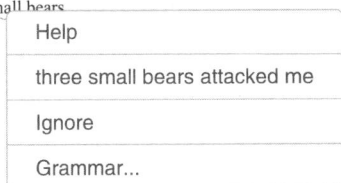

| Help |
| three small bears attacked me |
| Ignore |
| Grammar... |

　　我意识到我是在为自己辩解，但我真的很难做到客观，因为我被八只狼獾袭击了，这件事让我仍然心烦意乱。而且我意识到我刚把故事的主角给换了，那是因为天很黑，我很害怕，我压根儿不知道它们是什么，因为它们太快了。而且，它们其实只是小型的啮齿动物，但如果我把这句话放在故事的开头，你就感受不到我的恐惧是有多强烈了。当我说"它们把我吓得屁滚尿流"的时候，请相信我。我仍然不知道它们是什么动物，但肯定有好几个。它们从一个灌木丛跑到另一个离我脚很近的灌木丛，多萝西·巴克把眼睛睁得浑圆，好像在说："**这是什么鬼东西？把我抱起来，女士。**"我明白它的意思，因为我也很想有人把我抱离地面，但同时我也在思索：像你这样的小型犬不就是养来捉老鼠的吗？它回头看着我，好像在说："你是在说捉老鼠的㹴犬吧，我是一只蝴蝶犬，我来自法国，女人，**我们不吃老鼠**！"它说得有道理，但别那么傲慢了好吗，狗？就在今天早上，您还在院子里拉了屎，从垃圾堆里偷了一个三明治。所以您能不能别再那么

自命不凡了。

我们急忙跑回屋里，透过厨房的窗户我还能看到一只在四处乱窜的生物，它看起来比耗子小，但比田鼠大。就像一只巨大的仓鼠，如果仓鼠长着一根老鼠尾巴的话（我就是字面上的那个意思。不是你古怪的表弟在80年代剪的失败发型）。我有点儿想把它们引诱进屋，训练它们，给它们穿上小套装。但这种冲动与不由自主地尖叫、想要在它们碰我之前赶紧逃走的冲动相比要小得多（顺便说一句，这几乎就是我对人类幼崽的反应——除了我自己的孩子）。

维克托出差去了（当然了，每当老鼠来捣乱的时候，他都在出差），所以我打电话给职业除虫员说："我想我们家有……草坪沙鼠？有动物叫这个名字吗？"丹尼斯说，这种动物并不存在，丹尼斯是在电话那头安排人来帮你灭害虫的女人。我把它们描述了一下，然后丹尼斯说："哦，天哪，你家有老鼠。"然后我开始反驳，但她觉得我只是想表达"我们家这么好怎么可能有老鼠"，所以她完全没买账。

"但它们比老鼠要小。"我弱弱地说。然后她很清楚地说："好吧，你有一群处在青春期的老鼠。你知道它们不是一生下来就和成年老鼠一般大的，对吧？"然后我可能会大叫，"**在奥巴马还是总统的时候，这种事从来没发生过。**"她只是说："什么……女士？"我深深地吸了一口气，向她道歉，并解释说我现在有很多事情要做，然后她说："好吧，不管怎样，真是疯狂。"但她说话的语气让我觉得她很可能也很想念奥巴马，尽管她并不认为在他担任总统期间老鼠都灭绝了。

丹尼斯解释说，她可以派人去帮忙，但费用会很高，而且在室外捉老鼠很难，她热心地建议我可以试着去弄些捕鼠器，然后自己解决这个问题。我很感激她的建议，不过，我解释说："但我不想把它们给杀了。你就不能把它们活捉，然后把它们带到很远的地方去吗？就像保护证人一样？"

"把老鼠当成证人去保护？不！"她叹了口气，半是愤怒，半是同情，这让我觉得她可能从来没有看过动画电影《鼠谭秘奇》。"我们可以为了负鼠或浣熊之类的动物这么做，但我们绝不会把老鼠先捉再放。那只会给别人带来麻烦。没人想要老鼠。"这话可能说得没错，但真要说起来，给不受欢迎的老鼠们挪窝儿可以给他们带来更多的生意，尽管这将是一个非常糟糕而且不道德的商业模式，我打心眼儿里感谢他们没有这么干。

丹尼斯告诉我驱鼠有几种不同的方法，包括一种让老鼠脱水的毒药，可以让它们离开你的房子去小溪和河流那儿找水喝，但我们要确保所有的马桶盖儿都封上了，因为"有时老鼠会爬进去喝水，"我说，**"然后你就有了马桶老鼠？这是怎么回事，丹尼斯？你刚向我介绍了一种我从未有过的恐惧症，而我现在有了。"** 而且，我只能这么假设，这种毒药是通过让老鼠拉肚子脱水的，它的发明者回答了这样一个古老的问题："我们怎样才能让老鼠更不卫生呢？"这也解释了为什么老鼠会那么拼命地想去厕所。但丹尼斯平静地解释说，这种方法其实对那些已经在你房子里住下的老鼠效果更好，而我们这儿的老鼠在房子外面，所以它们会被赶得更远。但它们身处的灌木丛就在我们家游泳池旁边，所以可能我的游泳池里会漂着很多病老鼠，以及它们的排泄物，坦白说，这情形对所有人来说都更加难以接受。

丹尼斯问我，屋外有没有任何可能吸引到它们的食物或鸟食，这感觉有点儿像是在责备我这个受害者。但我解释说，在屋外我确实没放什么它们想吃的东西。这时她平静地提到，**老鼠可以吃狗屎**。这是什么鬼。那一瞬间，我以为丹尼斯只是在和我开玩笑。但她表现得似乎很专业，这个有关狗屎的新发现让我觉得恶心得要命，真的想吐。但它也让我停下来想了想，因为这似乎还挺有用的？就好像你在院子里发现了一条蛇，你没杀它是因为它可以吃掉那些更可怕的蛇？所以我问那位女士，我能不能把老鼠当成放在屋外的宠物养，让它们吃掉所有的狗屎，她说："**不行。它们会跑到你的房子里，然后啃坏你的电线。**"但如果我在后廊为它们用花生酱饼干做一个玩具小屋，也许它们就不会这么干了，我可以听到那位女士在电话那头摇头，她说："马上去弄些捕鼠器吧，看看你自己能不能抓住它们。这并不难。用樱桃口味的星爆糖作诱饵，不知道为什么，它们真的很喜欢这种糖。"我当时脱口而出："**我也真的很喜欢樱桃口味的星爆糖！**"突然之间，这些老鼠对我来说有了人性。但后来我想起我其实喜欢的是草莓口味的星爆糖，樱桃味吃起来跟毒药似的，所以我就没那么感同身受了。但后来我想，如果我真和老鼠交上了朋友，那它们就可以吃掉我剩下的樱桃味星爆糖和屎了。（不是我的屎。狗屎。不确定我是否有必要澄清。）你看出我尴尬的处境了吧。

那位害虫防治女士却没看出我的尴尬处境。我想是因为她没有我这样的想象力，也不知道我有很多适合老鼠穿的衣服。

我去了五金店，发现唯一一件比买卫生棉条还要尴尬的事就是买捕鼠器。如果还有什么能比这还糟的话，那就是买老鼠卫生棉条。很明显，我说的是给老鼠用的卫生棉条。不是用老鼠做的卫生棉条。真要是那样的话可就太疯狂了，只有那些参加荒野生存真人秀的人才会有这种馊主意吧。"阴道出血？没问题！塞一只吸水能力优秀的老鼠吧！"你肯定会因此中毒性休克。

那个害虫防治区的店员看到我拿起一个大号捕兽器（"它更适合抓浣熊，不是老鼠！"），然后他说："你要捉土拨鼠吗？"但他说得很随便，就好像他说的是"你有灯吗？"，这个问题让我很不安，因为我不知道，**我有土拨鼠吗？**然后我解释说我不确定，但我想家里的那些可能是草坪沙鼠，他解释说那玩意儿根本不存在，于是我们就陷入了僵局。

我回家之后把捕鼠器备好，但我把星爆糖给忘了，所以我用花生酱做诱饵，它的效果异常卓越，因为在我转身不过几秒钟的工夫里，亨特·S.汤姆猫就被它夹住了，看起来十分惭愧（但并没有因为惭愧而把吃着花生酱的嘴停下来），然后我说："你可是眼睁睁地看着我设下了这个捕鼠器，你这个傻瓜。"但真要说起来的话，猫是最喜欢躲在盒子里的，而捕鼠器恰好是一个装了食物的盒子，所以我想也许傻的那个是我，但至少我知道了这个方法是有效的，而且当你给亨特一点儿花生酱的时候，它看起来就像在说话，然后你就可以给你的老公发一段视频，在里面，猫好像在说："**救救我，爸爸。我这么漂亮，怎么能蹲监狱呢。**"

然后维克托给我回了短信，说他很担心。我猜是因为他看见我竟然这么负责任，有点儿气急败坏。接着他说："我不知道给我发猫被困在捕鼠器里的视频和'责任感'有什么关系。"但它只被困了一秒钟啊。**而且我这么做也是在帮你好吧，维克托。**另外，我还指出，亨特可能从它的监狱时光里学到了一些教训，因为它很害怕（免责声明：它什么也没学着，当我再次布下陷阱的时候，它立即试图把自己再关进去一次），但维克托说他更担心的是，我在后院放了一个大号捕兽器，然后发短信说：

"你忘了我们家后院偶尔会有只臭鼬出没吗？"

我说："我当然没忘。别再打击我了。我已经搞定了。"但我内心深处在想：**该死的，我真给忘了，**突然间我开始后悔我为什么要住在得克萨斯了。

我打电话给动物控制中心，问他们能不能来抓一只被捕兽器困住的臭鼬，然后他们回答道："我想也许吧？你在哪儿？"然后我解释说这是一只假想的臭鼬，我甚至还没去抓它，但我在找草坪沙鼠，如果臭鼬妨碍到了我，那我还需要一个备用方案，然后那个技术员说："等等，从头再说一遍，你嗑药了吗？"我没有，而且感觉有点儿受辱，但我重新解释了一遍，语速更慢了。然后他说："首先，你口中的草坪沙鼠听起来很像老鼠。人们不会'活捉'老鼠。因为它们是老鼠。其次，如果你不小心抓到了一只臭鼬，就把一块大油布举到你面前，然后放到捕兽器上。"我说："就好比你在加拉格尔表演的飞溅区[1]？"他说："你没听懂我在说什么？"然后我继续说："你肯定知道的，有西瓜和大锤的那个？"但电话里只有一片寂静，于是我说："**那个穿背带裤的家伙？**"而他只是说："要不然等你发现了什么之后再打电话给我们？"然后我记起来不是每个人都像我这么老，我就把电话挂了。

不过，事实证明，我多虑了，因为尽管捕鼠器一直被触发，但一到早上，捕鼠器那儿既没有沙鼠，也没有花生酱，所以我觉得，我的草坪沙鼠显然也是些鬼魂。后来有人告诉我，这个捕鼠器太大了，"因为老鼠可以挤进小得不能再小的洞，还能挤过门下的缝儿，这成了你新的恐惧对象。"于是我上网买了另一个捕鼠器，但我还是把旧的那个重置了一下以防万一。一个小时后它仍然张开着，没被触发，**但里面有些东西，**并不是一个活物。

是一颗闪亮的、小小的星星。在捕鼠器里。

我想把它给弄出来，它究竟是怎么出现在那儿的呢，怎么可

[1] 加拉格尔是 20 世纪 80 年代最成功的喜剧演员之一，他的招牌动作是用一个长柄大锤砸碎西瓜，坐在前几排的观众会被西瓜的碎片溅到，这些座位叫作"飞溅区"。

我知道这是张糟糕的照片，但我得为自己说句话，当你戴着光滑的歌剧手套，拿着可能是仙女们用来诅咒你的诱饵时，你真的很难拍出一张好照片。

能会有人把它放在那儿却没触发捕鼠器呢，但我也不想碰它，因为说不定它就是老鼠故意留在那儿的，上面到处都是流行性出血热病毒，好报复我对它们的驱逐？我想找双园艺手套戴上，但我能找到的只有一双缎子材质的歌剧手套，来自一套古老的万圣节服装，所以事实上就是我将一个打扮得超级华丽的手伸进了捕鼠器，而捕鼠器可能已经被老鼠策反了，现在是用来抓我的。

那是一颗比一分钱还小的闪闪发亮的塑料星星，我好不容易拍了一张失焦的照片，然后它就从我戴着手套的手指间滑落了，径直落在那些老鼠藏身的多肉灌木丛中。我试着用一根棍子把这些植物移开，好找到那颗星星，但我也一直在想，也许这就是它们的计划呢？把我拖到它们的巢穴，巢穴里装的全是不知所踪的人和袜子。最后我既没找着星星，也没找到老鼠陷害的鬼魂，而且天气很热，所以我放弃了。

海莉认为星星是仙女放在那儿的，或者是老鼠们留下了一份礼物，为了报答我提供的所有花生酱，就像是个微型版的

我用昨天一整天的时间做了个更好的捕鼠器，却眼睁睁地看着这浑蛋把它拉到灌木丛里五英尺的地方，跳上去，把后面撬开，然后取出花生酱，现在**它居然在用它折断的捕鼠器手柄剔牙，真他妈离谱**。

布·拉德利[1]，身无分文。（见鬼。现在我太想要一只叫布·拉德利的老鼠了。）维克托说这是一颗小小的流星，用来警告我，因为我没用星爆糖。最后我发现，我用的是什么其实一点儿也不重要，因为我看见我们家后院的那只松鼠（松鼠兰·邓波儿[2]）学会了怎么拆捕鼠器，像一个小土匪一样把花生酱全都舀出来。

上次，松鼠兰·邓波儿把捕鼠器的后面全撕了下来，**还把它给带走了，然后我就没法儿再用它抓老鼠了**。所以基本上它把捕鼠器改造成了一个松鼠喂食系统，现在它一直瞪着我说："你为什么不把这破东西加满？**偷你的东西可真累人！**"然后维克托出去给它喂花生，我说："你这是在奖励破坏行为。"他说："但它饿了。"我很确定我们刚刚交换了身体。

---

[1]《杀死一只知更鸟》中的一个角色。他独来独去，从不打扰任何人，也从不走出家门，这让他成了流言蜚语的目标，实际上他心地善良。

[2] Squirrelly Temple 是对秀兰·邓波儿（Shirley Temple）的戏仿，其中 Squirrel 是松鼠的意思。

叫吧，叫，你这浑蛋。

我把捕鼠器扔了，但我找到了一只很大的塑料猫头鹰，它的本职工作就是要吓跑啮齿动物，维克托说："我们不会买一个大艾尔（Big Al）的。"我说："呃，但我们现在必须得这么做了，因为你刚刚给它取了个名字叫大艾尔。"他说："我说的是'大猫头鹰（big owl）'。"我说："那太好了，因为大艾尔这个名字太惨不忍睹了，浪费了一次给猫头鹰取名字的机会。我们应该把它命名为呼蒂（Hootie）。或者猫头鹰·罗克（Owl Roker）[1]。或者……**猫历山大·汉密尔顿（Owlexander Hamilton）**[2]。"

我们把猫历山大·汉密尔顿带回了家，但晚上要把它留在屋外，我觉得很难受。维克托说："**为什么我们的床上有一只塑**

---

[1] 模仿艾尔·罗克（Al Roker），一位美国天气预报员、记者、电视名人、演员和作家。
[2] 对亚历山大·汉密尔顿（Alexander Hamilton）名字的戏仿，美国的开国元勋，美国宪法起草人之一。

料猫头鹰？"我解释说它的说明书上写着"为达到最佳效果，必须经常将其移动至不同地点。"维克托瞪着我，所以我坚称自己是无辜的，并告诉他可能是猫头鹰自己干的。"它就像呼蒂尼（Hootini）[1]一样。"然后维克托摇了摇头说："我是在告诉你，不能再这样下去了。"这样的时刻就是我们还在一起的原因。

嘿，你还记得这一章最开始的时候写的是日食吗？然后我把话题转成了啮齿动物，像是十年前发生的事情对吧？怎么回事啊我。你认真一点儿好吧。

我不想买焊工面具，是因为五金店的人因为草坪沙鼠的事一直在评判我，但我发现了一个网站，上面解释了你该怎么自己动手做一个日食观测器，方法是把一个纸板盒顶在头上，然后在它背面戳上一个小针孔，这样就可以让日食投射在盒子的前面了。这看起来很荒唐，但我真这么做了，而且它完全奏效了。我所说的"完全奏效"是指我在前院站着，头上顶着一个盒子，冲着一个小小的、毫无变化的白色太阳黑子盯着看了十分钟，最后发现那实际上只是一块粘在盒子里的聚苯乙烯泡沫。

我又试了一次，但一直保持不了平衡，最后摔进了有老鼠的灌木丛中。当我取下盒子时，我注意到一个邻居在我家门前放慢了卡车的速度，盯着我看，而我刚才正顶着一只盒子在院子里蹒跚而行，于是我大声解释说："**这样我就不用盯着太阳看了。**"他

---

[1] 戏仿胡迪尼（Houdini），美国逃脱魔术师。

点点头，开车离开了，然后我想我应该解释一下刚才是日食，但已经太迟了。我最后去喝了杯鸡尾酒，为大自然永无休止的恐怖景象干杯。

给《创智赢家》提的创业点子

电视上有一个叫作《创智赢家》的节目，人们装模作样地做提案，向身价百万的风险投资家们推销自己的点子，希望他们能为自己的产品投钱。一位《创智赢家》的工作人员联系了我，问我想不想围绕他们节目里比较成功的产品写点儿东西，但这听起来真的很无聊。所以我问我能不能和我的一些朋友一起参加这个节目，来推销我们自己的产品。其实当时我们什么产品也没有，但是维克托和我找来的朋友们（加上几瓶朗姆酒）集思广益，想出了一系列极其不合时宜但我们觉得特别符合这个节目的产品和配套宣传方案。我们计划想出很多很多点子，这样如果《创智赢家》的导师们对我们的哪个点子表示怀疑，那我们就可以马上跳到下一个，就好像我们在参加《超级密码》一样。我们甚至还发起了头脑风暴，特地为专门管理我们所有创业子公司的母公司起了名字。"我们不应该起诉他们"公司，这个公司名我很喜欢，因为每当人们说起我们时，都会下意识地为我们辩护，但最后我们认为更重要的是让导师们为我们投资，所以我们决定二选一："不投资的都是浑蛋 .com"和"进监狱的话咱们谁都逃不掉 .org"。

第二天早上我们清醒过来，读过我准备电邮给《创智赢家》的点子之后，才意识到我可能永远也得不到他们的回复。主要是因为这些点子都太聪明了，因此我们会把它们免费送人，而不是去申请专利。

由于这些点子都太劲爆了，所以我要把它们写进我的书里，这样如果有哪个导师"突然"开始卖"胎盘脱水仪"，那我就可以说："呃，浑蛋。**我看到了**！你搞错了吧，那可是我们的点子。"

以下就是我们的一些点子（如果你不满 17 岁请跳过这一章，好吧？）。

点子 1：凉鞋护鞋套，在人字拖外面穿护鞋套，这样你即使在游泳池里也能看起来很高级。想象一下"花生先生 [1] 在海滩"吧。（这个拿去做电影片名也挺不错的，你可以去买电影版权。也许可以吧。）

---

[1] 美国一家零食公司的广告标识和吉祥物。他是一个穿着老式绅士正式服装的花生形象：大礼帽、单片眼镜、白手套、护鞋套和手杖。护鞋套是套在鞋上的配件，覆盖脚背和脚踝来防护泥水。

点子 2：浣熊快速回收员，我们找一些野生浣熊，教它们怎么捡高尔夫球，这样我们就可以把它们卖给高尔夫球场了。训练时，我们只要把它们放出来，它们就会往腰包里装满球（我们必须得给它们戴上腰包），然后我们再用猫粮或小帽子或者浣熊想要的任何东西来奖励它们。你还能教它们去找散落在地上的硬币。还有折过的钱。然后你就只用把它们放进商场就行了。当然，它们偶尔可能会对一些人实施抢劫，但想一想这个故事你就会觉得这么做是值得的。"我当时只是在买玉米香肠，结果居然被一只浣熊洗劫了。"这个故事你可以留着讲给你的孙子们听，我的朋友们。它们也可能跳到商场的喷泉里拿走所有的硬币，然后从洗车场溜进车里。它们会跳进车里，偷走所有准备用来交过路费的零钱，而且它们天生就长着一双可以够到车座位下面的小手。我们在《创智赢家》上会这样说："我们想谈一个愈加严峻的问题……逮谁抢谁的浣熊群体，它们没有接受过职业培训，全无就业机会。我们要为它们提供教育，提供工作，让它们成为社会的重要成员。我们需要 200 万美元的投资，而这不过只占我们业务能力最优秀的浣熊们带来进账的 20%。"这听起来像是开妓院，但比开妓院要可爱多了。

而且如果浣熊们生病了，我们还可以把名字改成"狂犬病浣熊回收员"，这样的话我们还能沿用同样的首字母标志[1]，而且即

---

[1] Rapid Raccoon Retrievals 和 Rabid Raccoon Retrieval 首字母缩写都是 RRR。

使是生病的浣熊也可能会帮你带回来些什么东西，只不过狂犬病会让它们愚蠢得更为彻底，所以你根本不知道它们会找回来些什么。狂犬病，可能吧。

我们的广告语是："找到解决方案，与浣熊一起。"

点子3： 牛仔袖，创新型重塑生态时尚服装系列。袜子可以是男式丁字裤。暖腿袜可以是一条让你的脖子看起来更瘦的围巾。装满棉花的鞋子可以做耳罩。广告语："牛仔袖，买它，为你的手臂而生。你以为它是裤子……但它不是，它专为你的手臂而生。"卖这些玩意儿我们能赚100万美元。然而没人会买，因为这些他们都有了。该死。这个点子需要重新考虑一下。

点子4： 踩着高跷挂窗帘很方便，但如果你的窗帘在二楼呢？跳跳杆来帮你啦。将高跷的稳定性与跳跳杆随机增加的高度融为一体。广告词："跳跳杆：断腿神器！"

点子5："我的老伙计" 应用程序，通过使用"我的老伙计"应用程序，与你附近的某个人配对，因为他在聚会上的表现比你还糟糕，这样你就不会觉得过于难堪了。你刚才是不是醉眼蒙眬地讲了个黄色笑话，而现在有一群人正盯着你？打电话给你的老伙计，他会赶来说些更可怕的话救场。他会走进来，然后说："你知道纳粹大屠杀不是真的吗？"或者，"我认为吃婴儿这件事被严重低估了。"对你说过的所有可怕的话从 1 到 5 打分，根据分数和你所在地区的一个老伙计配对成功。除此之外，你还可以把锅甩到你的老伙计身上，因为你要帮他解围。

我们也可以使用"我的报应"应用程序。当你用一个箭头指向你想要招惹的人时，那些陌生人就不得不对你这么说："我不敢相信你竟然从那个骚扰指控里脱身了。""你又喝酒了吧？"或者"还记得昨晚你想给自己吹箫，我不得不在你又抽筋之前阻止你吗？今晚放松点儿。"还有"你的皮疹怎么样了？"

（我们可以用"我的巴蒂"玩偶的同款音乐。多么和谐的多赢局面啊。除非我们被孩之宝公司起诉。但如果他们想起诉我们，我们就会给我们的老伙计打电话，然后他就会做些更过分的事情，所以我们两边就可以同仇敌忾了。）

点子 6：马刺凉鞋，凉鞋护鞋套制造商倾情奉献！想要穿拖鞋骑马吗？马刺凉鞋是你的最佳选择。（我们还处在研发阶段，但它的市场前景是巨大的。）

点子 7："签名香水"的概念最近很火，但它们闻起来都差不多，所以是时候推出这款能真正总结这一年味道的香水了。它有着浓烈的麝香，源自绝望和臭下水管道。再加上一点儿恐惧作为后调。香水的成分名可以是：跳蚤市场的精液、狂欢节麝香、流浪汉恶臭、被鬼附身的卡车司机、边远林区的班卓琴肛交、无麸质负鼠（因为人们现在真的喜欢无麸质的东西）、笼中臭味：来自野生·豪猪和马·强奸的呼唤。（可能最后一个不大合适，但我还是先把它留在上面吧，以免其他名字都被人注册了。）广告词："别喷在你的私处，除非你想怀孕。"

点子8：有一个问题：有什么东西比可卡因还受人欢迎呢？油炸食品。那么，有什么东西比油炸食品更受人欢迎呢？枪。你知道从没有人想到过这个吗？把可卡因裹在枪上油炸。各位，我们马上就要成为亿万富翁了。

点子9：制作一个叫作"科学博览会之不速之客"的真人秀。闯入科学博览会，看看人们会不会爱上我们设计的可怕科学项目。剧集创意："这是盐酸还是水？""口味测试。哪一种更好吃？你选的那个是婴儿。别生我气。吃宝宝的那个人是你。""它甚至连草食动物都不是，也不是本地的。""防冻剂还是饮料？""炭疽有气味吗？""人们能凭口感鉴别精液吗？"

点子10：牛奶吧现在很流行，但它们的发展前景很不明朗。要不干脆来一辆食物卡车吧，里面只有一头活奶牛，会有专人把生牛奶直接挤到你张开的大嘴里。有点儿像"车轮送餐"，但比它好多了。奶头上街，街上奶头。听起来很有韵律吧。

点子11： 为阻止非法药物的流行，往药里加些乱七八糟的东西，这样人们就不会觉得它们很酷了。比如，往海洛因里加奶粉。这样，乳糖不耐的人就会以为是海洛因让他们爆炸性腹泻。还得加上由我出镜在里面拉屎的一系列禁毒广告。因为你知道什么看起来一点儿都不酷吗？一个中年妇女拉了一身屎。

　　点子12： 凉鞋防飞溅套，来自凉鞋护鞋套和马刺凉鞋制造商的又一力作，它是一次性防飞溅护鞋套，当您必须在路边上厕所的时候需要它。"保护鞋子不被屎尿溅到，请用凉鞋防飞溅套！"

诡异的新天气模式

不会一直这样下去的。

我一遍又一遍地对自己说。

它从我的脑海中掠过，如果我不停地重复这句话，我几乎就能把其他的声音全部淹没……那些说我一文不值的声音。那些说我脑中麻痹的感受将永远也不会结束的声音。那些声音冲你撒谎，用甜言蜜语哄骗你。但有时也说点儿真话，就为了让你听进去，让你怀疑也许它们说得没错。那些声音伤害了你，咬住你不放，听起来简直和我的声音一模一样，但却比我自信得多。

不会一直这样下去的。

这是真的。

我知道一切都会好起来的。我看了我过去给自己写的几十页日记。在那些日记上我写道，太阳已经回来了，我可以呼吸了，我可以看见了，我也可以感觉了。就像在水下待了太久，终于浮出了水面。那第一口呼吸是如此完美，我必须坚持下去，因为它会再次发生，它是那么……那么的美妙。我读了我过去的信息，上面说要保持坚强，要好好活着，因为一旦光明再次降临，我就会完全明白过来，知道抑郁症说给我听的谎言不过只是……谎言而已。我向自己保证这一切都是值得的。或者，更确切地说，曾经的那个我向现在的这个我保证这一切都是值得的。我相信她，也有点儿怀疑她，一点点吧。她并不全然可靠。她有点儿疯魔而且情绪不稳定。但她也很诚实。所以我坚持下去了，然后等待。再然后，到最后，它不知从哪里冒出来了。

不会一直这样下去的。

这是真的。

这是我对我自己许下的承诺。但这也是一个警告。

在那些美好的日子里，阳光是那么灿烂。不管是好，还是坏……我都能完全感受到。我大笑，我哭泣。我有活下去的能量。我可以看到这个世界，也允许这个世界来看我而不觉得受伤。我看到了我的女儿。我看到了我的朋友和家人，我觉得我非常幸运。

有时候它是一个承诺。有时候它是一个警告，一个让你珍惜所有美好时光的警告。警告说黑暗也会来的……就像光明一样。我拥抱生活中美好而坚强的时刻，毫无歉意地把光明牢牢抓在手心。更加光明的日子将要来临。

昨晚下雪了。

对你来说那可能不算什么，但雪在我这里是很稀有的。像钻石一般稀有，而且——在我看来——比钻石更漂亮。记者说这是三十年来这里下的第一场真正意义上的雪，我觉得这很可信。昨晚，得克萨斯州的每个人似乎都待在户外，为那些在热沥青上融化，却能在树上、草地上和露台椅子上留存下来的柔软白色雪花惊叹不已。在午夜，有很多家庭都在打雪仗，有从没见过雪的孩子们，还有明白允许孩子们因为这件稀罕事不睡觉其实很值得的爸爸妈妈，即使明天孩子们还要上学。

早上，雪还在，深度只有一英寸左右，虽然斑驳，却很漂亮。我们都怀着敬畏的心情重新审视着我们的房子，仿佛有一群装修精灵，在半夜把我们早已习以为常的一切重新粉刷了一遍。被积雪压倒的树枝困在了车道上，挡住了我们的去路。我们感到很难办，因为雨刷没法儿将挡风玻璃上的雪给推开，然后我们就像电视剧集里的特工麦吉弗一样到处寻找工具，想把雪全部刷走。（我用的是一个毛绒猴子玩偶和一个橡皮塞子。我邻居用的则是一台吹落叶的机器和码尺。结果如你所想，我们相当成功。）

多萝西·巴克在门口呜呜叫着要出去，但这是一种犹豫不决的呜咽声。带着不由自主的感觉。现在开始下毛毛雨了，它讨厌下雨，所以它必须得走了。

我们站在外面，打着雨伞，它看起来很痛苦，但它还是一下子往前冲到了还没化掉的雪里。它跑去闻那片它一直在闻的地方，然后我第一次看到了动物的足迹，它们就留在雪地。是鹿吗？我猜，或者是狐仙。脚印很小。突然间，我看见了那个世界，那个它闻到的世界，我看见了它是怎么用它的鼻子把所有的故事串联在一起的，而我只有在雪中才能看见它们。它看着我，好像在说：看，我告诉过你吧。我点头。它赢了。

我注意到一件很奇怪的事情……雨还在下，但是街道上却阳光灿烂。我走上街，合上伞。街上没雨。一开始我不明白，然后我开始环顾四周，直到我弄清楚为止。

是树在下雨。

树在下雨？我不明白。但过了一会儿，我懂了。树叶上的雪融化得太快了，成了一场倾盆大雨。我和我的狗站在街上，我们一边感受着温暖的阳光，一边看着雨在我们周围落了下来。我邻居说这就像是得到了上帝的庇佑。我说这就像是《X战警》里的暴风女来了。多萝西·巴克什么也没说，因为它是一只狗。不管怎样，我怀疑狗对成为被上帝庇佑的超级英雄已经习以为常了。

如果我住在北方，我可能会觉得这些都是再正常不过的事了。如果我住在北方，我可能就不会开车在街区里到处转悠，去看那些被积雪改变了模样的地方，因为我可能再也看不到了。如果我住在北方，我可能会认为那些把车停在路中间，就为了给灌木丛顶端的积雪拍照的人疯了。我们都疯了，而且我们都知道它不可能持续下去。

但第二个天气现象我真没想到。我没想到树会变成乌云。我已经活了四十多年了，我从没见过这样的事……我从没见过树会下雨。

我低声说，这让我想知道还有什么是我从没见过的。

"你还没见过狐仙。"多萝西·巴克似乎在说（语气里透露着一丝毫无必要的优越感，如果真要我说实话的话）。

不过，这是真的。这是一个很好的提醒。有些事情我还没看过呢。

该忙起来了。

灵　魂

我不太相信那些有组织的宗教，但我认为我们都有灵魂。

它是个闪闪发光的半球体。背面平坦，中心圆润，就像是个玻璃镇纸，中心有一个纽扣糖果式的金色圆点。随着年岁的增长，我们的灵魂之球开始慢慢裂开。它们因为悲伤，因为失落，因为怀疑或是痛苦而四分五裂。有时候，落下来碎片是因为丧失了信仰。有时候，是因为失去了爱，或是被背叛。有时候，那些不规则碎片的脱落只是因为它不够完整（抑郁或者化学问题）。然后我们继续在这世上奔走，即使这些碎片已然遗失……留下了许多空洞。我们试着把这些碎片放回原处，但已经不再合适了，所以我们就把它们留在那里，然后继续搜寻。

有时候，我们会发现一块很小的碎片，虽然它不能完全地填满一个空洞，却可以补上这个缺口。有时是一首歌，它唱出了我们没法儿自己写出来的歌词。有时是书里的一句真心话。我们把它捡起来，装进自己的身体里，它很合身。它补上了那个空洞。裂缝依然存在，但它变成了一个很小很小的裂缝，能注意到它的只有我们自己，或者是那些被我们允许靠近的人，只有离得够近才能感受到我们灵魂之球的不完美。

有时候，我们想用些看似能填上空洞却并不合适的东西来补上这个缺口。我们把一个正方体卡进一个圆形的孔洞里，但因为这个孔很大，所以它能卡上去，尽管并不契合。感觉上还行，但只要它在那里一天，能真正为你带来疗愈的碎片就没办法进去。它堵住了你真正需要的东西，也许那个让你无法释怀的是酒精或毒品。也许是你在错的地方，和错的人在一起，找到的某种安慰。也许是一份你为了填补空虚而接受的工作，你没有去追寻你想要的激情，仅仅是因为你不能忍受你的心口上有一个巨大的空洞。因为这个空洞通向的是一个脆弱的地方，一个你保护不了的地方，一个可以被摧毁的地方。一旦光明不再，灵魂之球的内在就会变得毫无意义（即使它现在正被重新组装起来的碎片保护着），因为在它破碎、伤口大开的时候，它的内里已经被狠狠地伤害了，被挥霍了，或者被拿走了。这样的情形有时会发生在遭受虐待或创伤之后，或者发生在那些在心里筑起可怕高墙的人身上。但他们的内心却不够柔软，无力拥有同情心、激情、爱或信任。唯一能让你自己走出地狱的方法就是把你的灵魂之球打破，让你自己敞开心胸，接受疗愈。这是一种需要信任的练习，因为要想获得真正的疗愈，光靠你自身的努力是不够的。疗愈源自爱，源自家人、朋友、善良的陌生人、信仰、治疗、对一个小毛孩或是一只可爱动物的信任。

有时候，这个灵魂之球碎得太厉害了，让人无法继续向前。当人们说他们的神洞[1]是空的，他们想表达的就是这个意思。我们都是生而不同的，也许对你来说，你缺失的部分是宗教，是信任，是爱或接纳，我们破碎的方式因人而异，而且我们都会捡起别人遗留下来的碎片。有时候，那些碎片是活生生的人——那些因为不适合而被拒绝，被当成垃圾丢弃了的人，他们却非常适合你。

有时候，你发现自己的空洞和某个人的正好对上了，你可以选择去倚靠，暂时为彼此填补空虚，但这样下去是无法长久的。共生关系永远不会持续得太久。

有时候，你爱的人会离开你，即使他们根本就不想离开你，然后你就碎了一地。这些碎片你可能永远都没法儿找全，因为有一些在他们离开的时候就已经被带走了。这很痛苦，但痛苦最终会变得可以忍受，甚至变得神圣，因为只有这样，你才能背负着这些已经消失不见的故人，继续生活下去。如果你幸运的话，也许有一天，你会发现你身上凹陷的部位是酷似他们脸的形状，或者是手的形状，又或者是他们爱的形状。那些空洞让人疼痛，但它们是一个象征遗失的纪念碑，是一个向他们致敬的旅行圣地，它们提醒着你，

---

[1] God hole，泛指与自己心灵真实渴求最为紧密的内心世界。

你该如何去深爱才能在别人身上留下你的印记。

有时候，你看到了一些东西，它们让你重拾对人性、对自己的信心，这时你的灵魂之球开始生长，膨胀得几乎让你痛楚。有时候，你望着你的孩子，然后你的心膨胀得厉害，让那些空洞都变小了。有时候，那些你在年少时失去的东西又重回你身边，也许是你记忆里那哼着摇篮曲的声音，又或是些你当时无法领会的智慧，因为那时候它并不适合你……但它现在很适合，因为它适合的是现在的你。

有时候，你可以从自己的心口掏出些碎片送给别人，但不加选择地送人只会让你的空洞变得更大，因为如果你把它们送人的时候太轻率、太随意，那它们怎么可能适合你送的那个人呢，最终你们俩都一无所获。你很早就明白，你并不总能得到一个碎片作为回报。不过，这是一个很好的教训，因为它提醒了你自己的价值，还有那些适合自己的碎片的价值。

有些人无忧无虑地在这世上留下各种碎片，有的是爱，有的是艺术，有的是善良，是灵感，是疗愈的信息："**你其实并不孤单**"，"**有时候悲伤也是可以的**"，"**即使你不知道快乐长什么样儿，它都会一次又一次地回到你身边**"。那些人创造出了神奇的语句，喜忧参半的歌曲，喧嚣的艺术和美丽的痛苦。是那些人让世界运转。

另一些人，他们拖着大锤行走，灵魂已经被砸得粉碎，所到之处尽是碎片，他们觉得自己毫无价值，有时甚至会怀疑自己存在的意义。他们踩着碎片嘎吱嘎吱地从我们身边走过，我们试着告诉自己，事情很有可能会变得更糟……我们可能会变成他们，黑暗的、破碎的、麻木的。痛苦并不好受，但麻木是用言语都形容不来的可怕。我们尖叫着攻击那些挥舞大锤的人。或者避开他们的视线，祈祷他们看不见我们。或者为他们哭泣，然后试着帮他们把碎片拼凑起来。但这不是每次都能奏效……可一旦奏效了，结局会让你瞠目结舌的。

还有一些人，像我一样，有一块永远都无法找到的碎片，一个直达内心的裂口——焦虑症。它创造了一种恐惧，对人们、对陌生人、对朋友、对生命的恐惧。它让你脆弱，让你无助，让你筑起高墙，让任何人都无法进来，因为你必须保护你的内心。

但是——这个部分很棘手——你也必须保护那份破碎，就是你总能感到空虚的地方，因为正是那份破碎让你成了今天的你。

我的心理医生说我太善解人意了。说我能接收到别人的情绪与感受，我还能自己感觉到它们，即使这么做让我痛苦。她是对的。这就是为什么有时候我要和其他人保持距离……为了安全。当我发现我的同类时，我柔软的内心便开始闪闪发光……他们是好人，但是他们碎掉了。他们想要的只是幸福。他们会把自己的鞋子送给你，或是他们的故事，有时甚至是他们自己最珍贵的、收集来的碎片。他们为之努力过的碎片，还有爱和珍藏。有时候他们会把这些都送给你。有时候你会把你拥有的一部分东西回馈给他们。然后你会惊讶地发现，这些碎片找到了更合适的去处。

有时候，你会捡起一些别人不再需要的碎片，那些强健无比的人，他们之所以把这些碎片丢掉，只是因为他们灵魂之球已经长得很大了，用不上了，所以他们就把碎片像树皮或蛇皮一样丢掉。然后你把它们装到自己身上，因为这些人成长过程中留下的碎片正是你需要的。于是你也开始成长，接着把自己不再需要的碎片挤出来，留给你身后的人。

这个世界碎了一地，我们光着脚在彼此四分五裂却又闪闪发光的碎片中前行。在我们之中，有些人被碎片割伤而流血，有些人则在愈合。如果你够幸运的话，这两样你都会经历。

我们破碎了。我们在愈合。永无止境。

而且，如果在合适的光线下看灵魂之球，你会发现，它很美。

致　谢

　　每当我写致谢信的时候，我总是感到很矛盾，因为如果人们讨厌这本书，还把它给烧了的话，那我在致谢词中说的什么"**谢谢特别的你，没有你，这本书就不可能存在**"，他们就会立刻反驳，"**我和这本书没有任何关系。上帝呀，我跟你说，我甚至都不认识她。**"

　　还有，我不喜欢"致谢"这个词，因为它听起来就像是你被强迫着违心地去感谢什么人。我们应该把"致谢"改成"谢谢你们"或者"**这群混球儿**"。哦，我喜欢这个词。

这群混球儿

　　我要感谢很多了不起的人，因为没有这群混球儿，这一切都不可能发生。

感谢我的家人带给我这么多精彩的故事，还允许我把它们写下来。感谢维克托和海莉让我大笑。感谢我的父母总是能和我一起大笑。他们还大声嘲笑我。两种我都感谢，真的。

感谢我的经纪人尼蒂·马丹，她有着星尘做的骨肉，还有我的编辑艾米·艾因霍恩，她整个人都充满了魔法。我很抱歉，因为我的每本书都比预期要晚上市三年。感谢康纳、马莲娜、阿贾、汉娜，以及和我并肩作战的其他一百万人，他们用你意想不到的各种方式给予我帮助。

感谢我的朋友们让我一遍又一遍地向你们朗读着相同的章节。梅尔、劳拉、凯伦、丽莎、斯蒂芬……你们都是圣人。

感谢与梅尔和杰森一起熬夜喝酒的夜晚，让我有了非常不合时宜且荒谬异常的灵感，为了保护你们，我为你们隐去了姓氏。

感谢那些救过我的医生、护士和心理治疗师。以后还需要你们接着救我。

感谢书评人、买书人、给我捧场的人、书商，还有那些冲街上不认识的狗微笑的人。

感谢那些容许我分享他们的话语并带给我灵感的人。

感谢那些我忘了在这里感谢的人，他们特别善解人意地原谅了我，还会把自己的名字写在横线上。我最爱的人是你，

————————。

谢谢你。是的，就是你。读着这段话的你。你就是这本书

存在的原因。所以如果你讨厌这本书的话，我想你应该怪你自己。

谢谢你的聆听。真的。我超级疯狂地爱你。一点儿也不夸张。

激发个人成长

多年以来，千千万万有经验的读者，都会定期查看熊猫君家的最新书目，挑选满足自己成长需求的新书。

读客图书以"激发个人成长"为使命，在以下三个方面为您精选优质图书：

1. 精神成长

熊猫君家精彩绝伦的小说文库和人文类图书，帮助你成为永远充满梦想、勇气和爱的人！

2. 知识结构成长

熊猫君家的历史类、社科类图书，帮助你了解从宇宙诞生、文明演变直至今日世界之形成的方方面面。

3. 工作技能成长

熊猫君家的经管类、家教类图书，指引你更好地工作、更有效率地生活，减少人生中的烦恼。

每一本读客图书都轻松好读，精彩绝伦，充满无穷阅读乐趣！

认准读客熊猫

读客所有图书，在书脊、腰封、封底和前后勒口都有"**读客熊猫**"标志。

两步帮你快速找到读客图书

1. 找读客熊猫

2. 找黑白格子

马上扫二维码，关注"**熊猫君**"

和千万读者一起成长吧！